Richard P. Feynman
Was soll das alles?

Richard P. Feynman

Was soll das alles?

Gedanken eines Physikers

Aus dem Amerikanischen
von Inge Leipold

Piper
München Zürich

Die Originalausgabe erschien 1998
unter dem Titel »The Meaning of It All«
bei Helix Books / Addison-Wesley,
Reading, Massachusetts

ISBN 3-492-04097-7
© 1998 by Michelle Feynman and Carl Feynman
Deutsche Ausgabe:
© Piper Verlag GmbH, München 1999
Gesamtherstellung: Clausen & Bosse, Leck
Printed in Germany

Inhalt

THE UNIVERSITY OF WASHINGTON
proudly presents the second

John Danz Lecturer

PROFESSOR RICHARD P. FEYNMAN
Physicist, CALIFORNIA INSTITUTE OF TECHNOLOGY

in a series of three closely related lectures

"A SCIENTIST LOOKS AT SOCIETY"

topics will include
"THIS UNSCIENTIFIC AGE"
"SCIENCE AND HUMAN VALUES"
"SCIENCE AND MAN'S FUTURE"

in the series, Dr. Feynman explores problems in the borderline between
science and philosophy, religion, and society

complimentary

8 p.m.	8 p.m.	8 p.m.
April 23	April 25	April 27
Meany Hall	Health Sciences Auditorium	Health Sciences Auditorium

Vorbemerkung des amerikanischen Verlags

Es ist uns eine große Ehre, diese ebenso geistreichen wie aufschlußreichen Vorträge an dieser Stelle zum ersten Mal einem breiteren Publikum zugänglich zu machen.

Im April 1963 lud die University of Washington (Seattle) Richard P. Feynman ein, im Rahmen der John-Danz-Vortragsreihe an drei Abenden seine Ansichten darzulegen. Hier äußert der Mensch Feynman auf seine unnachahmliche Art seine Gedanken zur Gesellschaft, zum Konflikt zwischen Naturwissenschaft und Religion, seine Betrachtungen über Krieg und Frieden, darüber, welchen Reiz fliegende Untertassen, Gesundbeten und Telepathie auf uns alle ausüben, aber auch darüber, warum und wie sehr die Menschen den Politikern mißtrauen – im Grunde genommen Überlegungen zu allem, was den modernen Naturwissenschaftler als Staats- und Weltbürger beschäftigt.

Reines Gold, reine Poesie, reiner Feynman

I

Die Ungewißheit in der Wissenschaft

Ohne lange Umschweife will ich mich sogleich mit den Auswirkungen der Naturwissenschaften auf Vorstellungen in anderen Bereichen befassen, einem Thema, dessen Erörterung John Danz immer besonders am Herzen lag. In meinem ersten Vortrag möchte ich über die Wissenschaft als solche sprechen und dabei besonders auf die Frage eingehen, welcher Stellenwert dem Zweifel und der Ungewißheit in ihr zukommt. Im zweiten geht es um den Einfluß, den wissenschaftliche Betrachtungsweisen auf die Politik – insbesondere was die Frage von Staatsfeinden betrifft – sowie auf religiöse Fragen ausüben. Und am dritten Abend will ich beschreiben, wie Gesellschaft sich mir darstellt – ich könnte jetzt sagen: was ein Naturwissenschaftler von der Gesellschaft hält, doch es kann einzig und allein darum gehen, wie ich persönlich sie sehe – und welche Begleiterscheinungen in Form gesellschaftlicher Probleme zukünftige wissenschaftliche Entdeckungen mit sich bringen könnten.

Doch habe ich überhaupt auch nur eine Ahnung von Religion und Politik? Freunde im Fachbereich Physik hier und anderswo lachten und meinten: »Ich würde zu gerne kommen und mir anhören, was du dazu zu sagen hast. Ich hätte nicht gedacht, daß du dich so besonders für derlei interessierst.« Sie wollen damit natürlich sagen: Du interessierst dich sehr wohl dafür, aber darüber zu sprechen, das wirst du dich nie und nimmer trauen.

Wenn man sich zu den Auswirkungen von Ideen in dem einen Bereich auf Vorstellungen auf einem anderen Gebiet äußert, läuft man immer Gefahr, sich zum Narren zu machen. Heutzutage, im Zeitalter des Spezialistentums, gibt es viel zu wenig Leute, deren Verständnis zweier Wissensbereiche tiefreichend genug ist, um sich nicht in einem der beiden lächerlich zu machen.

Bei den Vorstellungen, die ich darlegen möchte, handelt es sich um althergebrachte Ideen. Praktisch alles, was ich heute abend sagen werde, hätte ohne weiteres auch von Philosophen des 17. Jahrhunderts geäußert werden können. Warum also das alles noch einmal zur Sprache bringen? Weil jeden Tag neue Generationen das Licht der Welt erblicken. Weil großartige Vorstellungen existieren, die im Verlauf der Geschichte der Menschheit entwickelt wurden, und weil diesen Ideen keine Dauer beschieden sein kann, wenn sie nicht bewußt und ohne Abstriche von einer Generation an die nächste weitergegeben werden.

Viele althergebrachte Vorstellungen sind in einem Maße Bestandteil des Allgemeinwissens geworden, daß es sich erübrigt, sie erneut zur Sprache zu bringen oder zu erklären. Die Ideen jedoch, die mit den Problemen der Weiterentwicklung der Naturwissenschaften zusammenhängen, sind – soweit ich sehen kann, wenn ich mich so umschaue – nicht nach jedermanns Geschmack. Allerdings steht eine Menge Leute ihnen aufgeschlossen gegenüber, vor allem an einer Universität, das ist wahr – es könnte also durchaus sein, daß ich mich nicht an das richtige Publikum wende.

Da ich ein Neuling in diesem schwierigen Geschäft bin, über die Auswirkungen von Ideen in einem Bereich auf diejenigen in einem anderen zu sprechen, werde ich da anfangen, wo ich Bescheid weiß. In den Naturwissenschaften kenne ich mich aus. Ich kenne die in ihrem Rahmen entwickelten Ideen und ihre Methoden, ihre Einstellung zu Wissen, die Quellen ihres Fortschritts, ihre geistige Disziplin. Und deshalb befasse ich mich in meinem ersten Vortrag mit der Wissenschaft, die mir vertraut ist; die Äußerungen, die wahrscheinlich eher lächerlich wirken, spare ich mir für die beiden anderen auf, bei denen vermutlich – dies ist offenbar eine Art Naturgesetz – weniger Leute zuhören werden.

Was ist Wissenschaft? Normalerweise wird das Wort in einer von drei möglichen Bedeutungen oder in einer Vermengung aller drei verwendet. Ich glaube, wir brauchen es hier nicht allzu genau zu nehmen – allzu genau zu sein ist nicht immer ratsam. Gelegentlich bedeutet Wissenschaft eine bestimmte Methode, etwas herauszufinden. Dann wieder bezeichnet das Wort die Gesamtheit des Wissens, die sich aus dem ergibt, was man herausgefunden hat. Man kann damit aber auch all das meinen, was man vorher nicht tun konnte, das jetzt aber, nachdem man etwas herausgefunden hat, sehr wohl machbar ist. Oder aber es bezeichnet die tatsächliche Anwendung dieses neuen Wissens. Letzteres nennt man normalerweise Technologie – wenn Sie sich jedoch den Wissenschaftsteil von *Time* ansehen, werden Sie feststellen, etwa fünfzig Prozent handeln davon, was man neu herausgefunden hat; die anderen fünfzig Prozent befassen sich damit, was man damit Neuartiges tun kann und auch tut. Die gängige Definition von Wissenschaft bezieht sich also teilweise auch auf Technologie.

Diese drei Aspekte von Wissenschaft möchte ich in umgekehrter Reihenfolge erörtern. Und zwar beginne ich mit all dem Neuen, das man jetzt machen kann, das heißt mit der Technologie. Das augenfälligste Merkmal von Wissenschaft ist ihre Anwendung, die Tatsache, daß wir die Macht haben, dank wissenschaftlicher Forschung bestimmte Dinge zu tun. Welche Folgen diese Macht hat, brauche ich nicht erst zu erwähnen. Ohne die Weiterentwicklung der Wissenschaft hätte die ganze industrielle Revolution kaum stattfinden können. Die Möglichkeiten, die sich uns heute bieten, um genügend Nahrungsmittel für eine derart zahlreiche Bevölkerung zu produzieren und Krankheiten unter Kontrolle zu bringen und zu halten – im Grunde genommen die Tatsache, daß es freie Menschen gibt und man keine Sklaven braucht, um eine ausreichende Produktion sicherzustellen –, sind höchstwahrscheinlich das Ergebnis der Entwicklung wissenschaftlicher Produktionsmittel.

Allerdings wird uns mit dieser Macht, bestimmte Dinge zu tun, keine Gebrauchsanweisung geliefert, ob wir sie zum Guten oder aber zum Schlechten einsetzen. Das Ergebnis der Ausübung dieser Macht ist entweder gut oder schlecht, je nachdem, wie man sie anwendet. Bessere Produktionsmethoden behagen uns sehr wohl, doch mit der Automatisierung haben wir Schwierigkeiten. Wir freuen uns über die Fortschritte in der Medizin, aber gleich darauf machen wir uns Sorgen über die Anzahl der Geburten und darüber, daß niemand mehr an den Krankheiten stirbt, die wir ausgerottet haben. Und mit genau dem gleichen Wissen kann man Geheimlabors einrichten, in denen Menschen unter Einsatz all ihrer Kräfte daran arbeiten, Bakterien zu züchten, gegen die es kein Heilmittel gibt. Die Weiterentwicklung der Luftfahrt finden wir höchst angenehm, und die großen Flugzeuge beeindrucken uns, doch ebenso sind uns die Schrecken einer Luftschlacht bewußt. Wir begrüßen die Kommunikationsmöglichkeiten zwischen den Nationen, doch zugleich schreckt uns der Gedanke, wie leicht wir ausspioniert werden können. Die Tatsache, daß wir ins Weltall vordringen können, fasziniert uns; na ja, irgendwelche Probleme werden wir kurz über lang auch damit haben. Die bekannteste Unausgewogenheit dieser Art ist die Entwicklung der Kernenergie und die Probleme, die sie mit sich bringt.

Ist Wissenschaft irgendwie von Wert?

Meiner Ansicht nach ist die Macht, etwas zu tun, durchaus etwas Wertvolles. Ob das Ergebnis gut oder schlecht ist, hängt davon ab, wie man sie einsetzt, doch Macht im Sinne von Fähigkeit ist etwas wert.

Auf Hawaii nahm mich einmal jemand zur Besichtigung eines buddhistischen Tempels mit, in dem mich ein Mann ansprach: »Ich will Ihnen etwas sagen, das

Sie nie vergessen werden.« Und er fuhr fort: »Jedem Menschen sind die Schlüssel zu den Pforten des Himmels gegeben. Dieselben Schlüssel öffnen auch die Pforten zur Hölle.«

Genauso verhält es sich mit der Wissenschaft. In gewisser Hinsicht ist sie ein Schlüssel zum Himmel, doch derselbe Schlüssel öffnet uns auch den Zugang zur Hölle, und wir haben keinerlei Hinweise darauf, welche Pforte welche ist. Sollen wir also den Schlüssel wegwerfen und so auf die Möglichkeit verzichten, je in den Himmel zu gelangen? Oder sollen wir uns mit dem Problem abmühen, herauszufinden, wie wir den Schlüssel am besten verwenden? Das ist natürlich eine sehr gewichtige Frage, aber ich glaube, den Wert des Schlüssels zu den Pforten des Himmels kann niemand leugnen.

All die großen Probleme des Verhältnisses zwischen Gesellschaft und Wissenschaft fallen in diesen Bereich. Wenn man einem Wissenschaftler sagt, er müsse mehr Verantwortung für die Auswirkungen seines Tuns auf die Gesellschaft übernehmen, bezieht sich dies auf die Anwendungsmöglichkeiten von Wissenschaft. Angenommen, Sie arbeiten an der Weiterentwicklung der Kernenergie, dann müssen Sie sich auch dessen bewußt sein, daß sie ungeheuren Schaden anrichten kann, wenn man sie entsprechend einsetzt. Sobald also ein Wissenschaftler Dinge dieser Art erörtert, glauben Sie daher vermutlich, dieses Thema müsse im Vordergrund stehen. Ich habe jedoch nicht vor, näher darauf einzugehen. Meiner Ansicht nach ist es eine Übertreibung, wenn man diese Fragen als Probleme der Wissenschaft bezeichnet. Viel eher handelt es sich dabei um humanitäre Fragen. Die Tatsache, daß man weiß, wie man Macht ausüben, nicht jedoch, wie man sie kontrollieren kann, ist keineswegs ein wissenschaftliches Problem und auch keines, über das ein Wissenschaftler besonders gut Bescheid weiß.

Lassen Sie mich erklären, warum ich nicht näher darauf eingehen will. Vor einiger Zeit, ungefähr 1949 oder 1950, ging ich nach Brasilien, um dort Physik zu lehren. Kurz zuvor hatte Präsident Truman sein aufregendes Punkt-Vier-Hilfsprogramm für unterentwickelte Gebiete vorgeschlagen – und alle wollten dazu beitragen. Vor allem brauchten diese Länder natürlich technisches Know-how.

Ich wohnte damals in Rio. Auf den Hügeln dort gibt es Häuser aus Holzlatten von alten Schildern und ähnlichem. Die Leute sind ungeheuer arm. Sie haben weder Kanalisation noch Wasserleitungen. Um Wasser zu holen, tragen sie alte Benzinkanister auf dem Kopf den Hügel hinunter, irgendwohin, wo neue Gebäude errichtet werden, denn dort braucht man Wasser zum Zementmischen. Die Leute füllen Wasser in ihre Kanister und schleppen sie den Hügel hinauf. Später sieht man es dann als Abwasser den Hügel herunterrinnen. Zum Erbarmen ist das.

Direkt daneben kann man die aufregenden Bauwerke am Strand von Copacabana bewundern, prachtvolle Wohnungen und so weiter.

Ich habe also zu meinen Freunden, die bei dem Punkt-Vier-Programm mitmachten, gesagt: »Ist das ein Problem von technischem Know-how? Daß sie nicht wissen, wie man eine Rohrleitung auf den Hügel legt? Daß sie nicht wissen, wie man Leitungssysteme bis ganz oben auf den Hügel installiert, damit die Leute zumindest mit den leeren Kanistern den Hügel rauf- marschieren und die vollen runterbringen?«

Es handelt sich hier also keineswegs um ein tech- nisches Problem. Mit Sicherheit nicht, denn in den Wohnungen in der Umgebung gibt es sehr wohl Rohr- leitungen und Pumpen. Mittlerweile ist uns das klar. Wir halten das Ganze nun für ein Problem der Wirt- schaftshilfe; aber wir wissen nicht, ob diese wirklich greift. Die Frage allerdings, wieviel es kostet, eine Rohrleitung und eine Pumpe auf jeden Hügel zu verle- gen, ist meiner Ansicht nach nicht einmal einer Erwäh- nung wert.

Obwohl wir nicht wissen, wie dieses Problem zu lö- sen ist, möchte ich betonen, wir haben es mit zweierlei versucht: mit technischem Know-how und mit Wirt- schaftshilfe. Beides hat nichts gebracht, also versuchen wir es jetzt mit etwas anderem. Wie Sie noch sehen werden, finde ich genau das ermutigend. Ich glaube, ständig neue Lösungsmöglichkeiten auszuprobieren ist die richtige Art und Weise, die Dinge anzugehen.

Das ist also die praktische Seite der Wissenschaft, das, was man Neues machen kann. Und sie ist derma- ßen offensichtlich, daß wir nicht näher darauf einzuge- hen brauchen.

Der andere Aspekt von Wissenschaft betrifft das, was sie beinhaltet: das, was man herausgefunden hat. Das ist der Ertrag. Das ist das Gold. Das ist die Aufregung, der Lohn für all das disziplinierte Nachdenken und die harte Arbeit. Diese Arbeit nimmt man nicht wegen einer möglichen Anwendung auf sich. Sondern weil es einfach spannend ist, was man dabei herausfindet. Die meisten von Ihnen wissen das vermutlich. Denn es erscheint mir nahezu unmöglich, denen, die nicht zumindest eine Ahnung davon haben, im Rahmen eines Vortrags diesen wichtigen Aspekt, dieses Gefühl der Erregung, diesen eigentlichen Grund dafür, Wissenschaft zu betreiben, zu vermitteln. Doch wenn man das nicht versteht, hat man nicht begriffen, worum es eigentlich geht. Man kann Wissenschaft und ihr Verhältnis zu allem anderen nur begreifen, wenn man sie als das große Abenteuer unserer Zeit auffaßt und schätzt. Sie leben nicht in unserer Zeit, wenn Sie nicht verstehen, daß sie ein ungeheures Abenteuer, etwas Kühnes, Erregendes ist.

Sie finden das langweilig? Ist es nicht. Das verständlich zu machen ist unglaublich schwer, doch vielleicht kann ich Ihnen eine gewisse Vorstellung davon vermitteln. Ich fange damit irgendwo an, bei irgendeiner Idee.

Beispielsweise glaubten die Menschen früher, die Erde sei der Rücken eines Elefanten, der auf einer Schildkröte stehe. Diese wiederum schwimme in einem unergründlichen Meer. Was diesen Ozean trug, war natürlich eine andere Frage, auf die sie keine Antwort wußten.

Diese Überzeugung unserer Vorfahren entsprang ihrer Einbildungskraft. Es war eine poetische, eine wunderschöne Vorstellung. Und jetzt überlegen Sie mal, wie wir das Ganze heute sehen. Ist das etwa eine langweilige Betrachtungsweise? Die Erde ist eine Kugel, die sich um sich selber dreht, und rundherum können Leute sich auf ihrer Oberfläche halten – manche von ihnen stehen dabei auf dem Kopf. Und wir drehen uns wie ein Bratspieß vor einem mächtigen Feuer: Wir wirbeln um die Sonne. Das ist noch romantischer, noch aufregender. Und was hält uns auf dieser unserer Erde fest? Die Schwerkraft, die sich nicht nur auf der Erde auswirkt, sondern diejenige Kraft ist, die die Erde überhaupt erst rund macht, die die Sonne zusammenhält und die dafür sorgt, daß wir stetig um die Sonne kreisen und dabei immer versuchen, ihr nicht zu nahe zu kommen. Die Gravitationskraft wirkt nicht nur auf die Sterne als solche, sondern auch zwischen den Sternen untereinander: Sie hält sie in den riesigen, sich über Abertausende Meilen in alle Richtungen erstreckenden Galaxien.

Viele haben dieses Universum beschrieben, doch es reicht immer weiter; wo es endet, wissen wir genausowenig, wie man den Urgrund jenes unendlich tiefen Meeres kannte – das Bild, das wir uns von ihm machen, ist ebenso geheimnisvoll, ebenso ehrfurchteinflößend und ebenso unzureichend wie die früheren, so poetischen Vorstellungen.

Sie müssen sich also darüber im klaren sein: Die Vorstellungskraft der Natur ist viel, viel größer als die des Menschen. Niemand, der durch Beobachtung nicht zumindest eine Ahnung davon hat, hätte sich je ein derartiges Wunderwerk ausdenken können, wie die Natur es ist.

Oder nehmen Sie die Erde und die Zeit. Haben sie irgendwo, bei irgendeinem Dichter schon einmal etwas über die Zeit gelesen, das an die tatsächliche Zeit und den unendlich langsamen Evolutionsprozeß heranreicht? Halt, nein, ich war zu voreilig. Zuerst war da die Erde, und auf ihr gab es nichts Lebendes. Jahrmilliarden drehte diese Kugel sich, erlebte ihre Sonnenuntergänge und Gezeiten und das Meer und die Geräusche, doch es existierte nichts Lebendes, um dies zu würdigen. Können Sie sich ausmalen, können Sie es richtig einschätzen, können sie es mit Ihrer Vorstellungswelt in Einklang bringen, was das bedeutet: eine Erde ohne irgendwelche Lebewesen? Wir sind so sehr gewöhnt, die Welt vom Standpunkt des Lebens aus zu betrachten, daß wir uns gar keinen Begriff davon machen können, was es heißt, nicht zu leben. Und dennoch existierte den Großteil der Zeit über nichts Lebendiges auf der Erde. Und wahrscheinlich gibt es auch heutzutage in den meisten Bereichen des Alls kein Leben.

Oder das Leben als solches. Die im Inneren verborgene Maschinerie des Lebens, die Chemie der einzelnen Teile, das ist etwas Wunderschönes. Und wie sich herausstellt, hängt jegliches Leben mit allen anderen Lebensformen zusammen. Es gibt einen Bestandteil des Chlorophylls, eine chemische Substanz, die für den Prozeß der Sauerstoffverarbeitung bei Pflanzen von Bedeutung ist. Der Grundriß ist annähernd quadratisch: ein wirklich hübscher Ring, den man als Benzolring bezeichnet. Und weit entfernt von den Pflanzen gibt es Tiere, wie wir es sind; in unseren Körpersystemen, die Sauerstoff binden – beispielsweise das Hämoglobin im Blut –, finden sich die gleichen interessanten, seltsamen quadratischen Ringe. Ihr Kern besteht aus

Eisen und nicht aus Magnesium; daher sind sie nicht grün, sondern rot, aber es handelt sich um die gleichen Ringe.

Bakterien und Menschen bestehen aus den gleichen Proteinen. Kürzlich hat man sogar entdeckt, Substanzpartikel der roten Zellen können der proteinerzeugenden Maschinerie in den Bakterien Anweisungen erteilen, rote Zellproteine herzustellen. So nahe stehen die einzelnen Lebensformen einander. Die Allgemeingültigkeit der allem zugrundeliegenden Chemie des Lebens ist in der Tat etwas Phantastisches, etwas Wunderschönes. Und die ganze Zeit über waren wir Menschen zu stolz, auch nur unsere Verwandtschaft mit Tieren zu erkennen und anzuerkennen.

Oder die Atome. Herrlich, wie in einem Kristall meilenweit eine Kugel nach der anderen in einem bestimmten, sich wiederholenden Muster angeordnet ist. Dinge, die völlig reglos und ruhig wirken, etwa ein zugedecktes Glas Wasser, das seit einigen Tagen dasteht, sind in Wirklichkeit die ganze Zeit über in Bewegung: die Atome lösen sich aus der Oberfläche, hüpfen im Wasser herum und treiben schließlich wieder nach oben. Was für unsere unempfindlichen Augen ruhig und unbewegt aussieht, ist ein dynamischer, ekstatischer Tanz.

Und wiederum hat man entdeckt: Die ganze Welt besteht aus den gleichen Atomen, die Sterne sind aus dem gleichen Stoff gemacht wie wir. Damit erhebt sich allerdings die Frage, woher diese Substanz gekommen ist. Nicht nur, wo das Leben oder die Erde herrühren, sondern: Woher stammt das Ausgangsmaterial des Le-

bens und der Erde? Es sieht so aus, als sei es aus einem
Stern hervorgequollen, als dieser explodierte, wie das ja
auch heute noch geschieht. Dieses Stück Dreck wartet
also viereinhalb Milliarden Jahre, entwickelt und verändert sich, und jetzt steht hier so ein seltsames Wesen
mit einem ausgetüftelten Apparat und spricht zu diesen
merkwürdigen Kreaturen im Publikum. Welch wun-
dervolle Welt!

Oder nehmen Sie die menschliche Physiologie. Ganz
egal, was ich als Beispiel nenne. Was auch immer man
sich genau genug ansieht, unweigerlich kommt man zu
dem Schluß, es gibt nichts Erregenderes als die Wahrheit, die der Lohn des Wissenschaftlers ist, der sie im
Verlauf seiner gewissenhaften Untersuchungen entdeckt.

Was die Physiologie betrifft, denken Sie nur daran,
wie das Blut durch den Körper gepumpt wird, an die Be-
wegungen eines Mädchens, das seilhüpft. Was passiert
in ihm? Das pulsierende Blut, die Nerven, die alles miteinander verbinden – wie schnell die Impulse der Mus-
kelnerven zum Gehirn zurückgeleitet werden und ihm
sagen: »Jetzt haben wir den Boden berührt, jetzt muß du
die Spannung erhöhen, damit ich mir nicht an den Fer-
sen weh tue.« Und während das Mädchen auf- und ab-
hüpft, schickt ein anderer Nervenstrang Anweisungen
zu einem anderen Muskelbündel und teilt ihm mit:
»Eins, zwei, drei und eins, zwei ...« Und die ganze Zeit
über lächelt es vielleicht dem Physiologieprofessor zu,
der es beobachtet. Auch das kommt mit ins Spiel!

Und dann die Elektrizität. Die Anziehungskräfte, die
Kräfte des Plus und Minus, sind so stark, daß in jedem

durchschnittlichen Material alle Plus und alle Minus sorgsam aufeinander abgestimmt sind und alles von allem anderen angezogen wird. Lange Zeit ist das Phänomen Elektrizität keinem Menschen auch nur aufgefallen, außer wenn er gelegentlich ein Stück Bernstein gerieben hat, an dem daraufhin ein Stück Papier haften blieb. Und doch stellen wir heute, wenn wir mit diesen Dingen herumspielen, fest, in uns ist eine gewaltige Maschinerie am Werk. Dennoch wird der Wissenschaft nach wie vor nicht die Wertschätzung zuteil, die ihr zusteht.

Ich will Ihnen nur ein Beispiel nennen. Der springende Punkt in Faradays *Naturgeschichte einer Kerze*, einer Zusammenstellung von sechs Weihnachtsgeschichten für Kinder, ist folgender: Gleichgültig, was man betrachtet, wenn man genau hinsieht, hat man es mit dem gesamten Universum zu tun. Und so kam er, indem er jede Eigenschaft der Kerze untersuchte, auf Verbrennung, Chemie und so weiter zu sprechen. In der Einleitung zu dem Buch, in der Faradays Leben und einige seiner Entdeckungen beschrieben werden, heißt es jedoch, er hätte herausgefunden, die Energiemenge, die man zur Durchführung einer Elektrolyse chemischer Substanzen brauche, sei der Anzahl der Atome, die getrennt werden, geteilt durch die Valenz, proportional. Des weiteren wird erklärt, die von ihm entdeckten Gesetzmäßigkeiten würden heute bei der Verchromung und Eloxalfärbung von Aluminium und bei Dutzenden anderer industrieller Verfahren angewandt. Diese Feststellung behagt mir überhaupt nicht. Faraday selber hat zu seiner Entdeckung folgendes gesagt: »Die Atome der Materie sind in gewisser Weise mit elektrischen Kräften ausgestattet oder hängen mit ihnen zusammen; ihnen verdanken sie ihre erstaunlichsten Eigenschaften, unter anderem ihre wechselseitige chemische Affinität.« Er hatte entdeckt, wie die Atome sich zusammenschließen, wie etwa Eisen und Sauerstoff sich zu Eisenoxid verbinden, ist die Folge dessen, daß einige von ihnen elektrisch positiv, andere negativ sind und daß sie einander in einem genau festgelegten Verhältnis anziehen. Außerdem entdeckte er, Elektrizität ist an Einheiten, an Atome gebunden. Beide Entdeckungen waren außerordentlich wichtig, doch am aufregendsten war, es handelte sich hier um einen jener höchst dramatischen Augenblicke in der Geschichte der Naturwissenschaft, einen jener seltenen Momente, wenn zwei bedeutende Bereiche miteinander in Verbindung gebracht und zusammengeschlossen werden. Er stellte plötzlich fest, zwei scheinbar verschiedene Dinge waren nichts weiter als verschiedene Aspekte ein und derselben Sache. Man befaßte sich mit Elektrizität, und man befaßte sich mit Chemie. Und mit einem Mal waren dies die zwei Seiten einer Medaille – chemische Veränderungen als Auswirkung elektrischer Kräfte. Und noch heute betrachtet man dieses Phänomen auf genau die Art und Weise. Lediglich zu sagen, diese Naturgesetze würden bei der Verchromung angewandt, ist unverzeihlich.

Wie Sie alle wissen, haben die Zeitungen für jede neue Entdeckung auf dem Gebiet der Physiologie eine Standardüberschrift: »Der Entdecker ist der Ansicht, seine Ergebnisse könnten für die Krebstherapie von Bedeutung sein.« Den Wert der Sache als solcher können sie jedoch nicht erklären.

Bei dem Versuch, die Art und Weise zu verstehen, wie Natur funktioniert, wird die menschliche Denkfähigkeit bis zum äußersten auf die Probe gestellt. Raffinierte Tricks, ein herrlicher Drahtseilakt der Logik, um keinen Fehler bei der Voraussage dessen zu machen, was passieren wird, kommen dabei ins Spiel. Die Quantenmechanik und die Relativitätstheorie sind nur zwei Beispiele dafür.

Der dritte Punkt meines Themas betrifft die Wissenschaft als Methode, etwas herauszufinden. Sie gründet auf dem Prinzip, daß Beobachtung die Richtschnur dafür ist, ob etwas so ist oder nicht. Alle anderen Gesichtspunkte und Eigenschaften der Naturwissenschaft lassen sich ohne weiteres verstehen, wenn man begreift, Beobachtung ist und bleibt die endgültige, entscheidende Richtschnur für die Gültigkeit einer Idee. Und »beweisen« heißt, wenn man das Wort in diesem Sinne verwendet, in Wirklichkeit »prüfen«, auf die gleiche Weise, wie die Feststellung, es handle sich um hundertprozentigen Alkohol, einer Prüfung des Alkoholgehalts entspricht, und für die Menschen unserer Zeit sollte man diese Vorstellung eigentlich folgendermaßen übersetzen: »Die Ausnahme ist der *Prüfstein* der Regel.« Anders gesagt: »Die Ausnahme beweist, daß die Regel falsch ist.« Das ist das grundlegende Prinzip der Naturwissenschaft. Gibt es eine Ausnahme von einer Regel, und kann man diese durch Beobachtung belegen, so ist die Regel falsch.

Ausnahmen von irgendeiner Regel sind als solche ungemein interessant, denn sie zeigen uns, die alte Regel ist falsch. Und es unglaublich spannend herauszufinden, wie die richtige Regel lautet, wenn es denn eine gibt. Man untersucht die Ausnahme und gleichzeitig andere Versuchsanordnungen, die zu ähnlichen Ergebnissen führen. Der Wissenschaftler bemüht sich, immer mehr Ausnahmen zu finden und die hervorstechenden Eigenschaften dieser Ausnahmen zu bestimmen, ein Vorgang, der in seinem Verlauf immer interessanter wird. Er legt es durchaus nicht darauf an, der Gefahr aus dem Weg zu gehen, daß er zu dem Schluß kommt, die Regeln sind falsch; genau das Gegenteil bedeutet Fortschritt und Aufregung. Er versucht, sich selber so schnell wie möglich zu widerlegen.

Der Grundsatz: Beobachtung ist die Richtschnur für alles, schränkt die Zahl möglicher Fragestellungen, auf die sich eine Antwort finden läßt, erheblich ein. Er verlangt, sich auf Fragen zu beschränken, die man folgendermaßen formulieren kann: »Was passiert, wenn ich dies oder jenes tue?« Es gibt Möglichkeiten, das auszuprobieren. Fragen wie: »Soll ich dies oder jenes tun?« oder »Was bringt das?« sind ganz anderer Art.

Doch wenn etwas nicht wissenschaftlich ist, wenn man es nicht einer Prüfung durch Beobachtung unterziehen kann, dann heißt dies nicht, daß es tot, oder falsch, oder dumm ist. Wir behaupten ja gar nicht, Wissenschaft sei irgendwie gut und alles andere sei nicht gut. Wissenschaftler nehmen all das, was mittels Beobachtung analysiert werden *kann;* was man auf diese Weise herausfindet, bezeichnet man in seiner Gesamtheit als Wissenschaft. Einige Dinge fallen dabei allerdings heraus; bei ihnen läßt sich diese Methode nicht anwenden. Das bedeutet jedoch nicht, daß sie unwesentlich sind. In Wirklichkeit sind sie in vieler Hinsicht sogar am wichtigsten. Bei jeder Entscheidung, wenn man sich entschließen muß, was zu tun ist, kommt immer ein »soll« ins Spiel, und diese Frage kann man nicht allein von der Fragestellung: »Was passiert, wenn ich dies oder jenes tue?« ausgehend beantworten. Sie sagen sich: »Na schön, überlegen wir mal, was passiert, wenn ich das tue, und dann entscheide ich mich, ob ich das will.« Diesen Schritt kann der Wissenschaftler jedoch nicht machen. Sie können sich ausmalen, was passieren wird, doch dann müssen Sie sich entscheiden, ob Sie es so haben wollen oder nicht.

Es gibt in der Wissenschaft eine Reihe technischer Auswirkungen, die sich aus dem Prinzip der Beobachtung als Richtschnur ergeben. Beispielsweise darf die Beobachtung nicht »so einigermaßen genau« sein. Man muß sehr sorgfältig vorgehen. Es hätte ein Schmutzpartikel im Apparat sein können, der die Farbe verändert hat; jedenfalls ist nicht das herausgekommen, womit man gerechnet hat. Man muß die Beobachtungen sehr gründlich überprüfen und dann nochmals kontrollieren, um sicherzugehen, daß man wirklich alle Ausgangsbedingungen kennt und versteht und daß man das, was man gemacht hat, nicht falsch interpretiert.

Interessanterweise wird diese Gründlichkeit, die eine Tugend ist, oft mißverstanden. Wenn jemand sagt, etwas sei wissenschaftlich gemacht worden, will er damit oft nichts weiter sagen, als daß es gründlich gemacht worden ist. Ich habe gehört, wie Leute von der »wissenschaftlichen« Vernichtung der Juden in Deutschland sprachen. Dies hatte durchaus nichts Wissenschaftliches an sich. Es erfolgte nur gründlich. Denn es ging nie darum, Beobachtungen anzustellen und diese dann zu überprüfen, um einen Sachverhalt festzustellen. In diesem Sinn gab es auch zur Zeit der Römer und in anderen Perioden, als die Wissenschaft noch nicht so hochentwickelt war wie heute und der Beobachtung kein solcher Wert zugemessen wurde, »wissenschaftliche« Vernichtungen von Menschen. In diesen Fällen sollte man lieber »gründlich« oder »durchgreifend« sagen und nicht »wissenschaftlich«.

Es gibt eine Reihe spezieller Techniken, die bei Beobachtungen ins Spiel kommen, und ein Großteil dessen, was man als Wissenschaftsphilosophie bezeichnet, befaßt sich genau damit. Die Interpretation eines Ergebnisses ist ein Beispiel dafür. Es gibt einen berühmten Witz: Ein Mann beklagt sich bei einem Freund über ein geheimnisvolles Phänomen. Die Schimmel auf seiner Farm fressen mehr als die Rappen. Das macht ihm Sorgen, denn er versteht es nicht, bis sein Freund meint, vielleicht habe er einfach mehr Schimmel als Rappen.

Das klingt albern, aber überlegen Sie nur, wie oft es bei Beurteilungen verschiedener Tatbestände zu vergleichbaren Fehlern kommt. Sie sagen: »Meine Schwester war erkältet, und in zwei Wochen ...« Wenn Sie genauer darüber nachdenken, ist dies ist einer jener Fälle, in denen mehr Schimmel da sind. Wissenschaftliches Denken erfordert eine gewisse Disziplin, und wir sollten uns bemühen, diese Disziplin an andere weiterzugeben, denn selbst auf niedrigstem Niveau sind derlei Irrtümer heutzutage unnötig.

Eine weiteres wichtiges Merkmal von Wissenschaft ist ihre Objektivität. Man muß die Ergebnisse einer Beobachtung objektiv betrachten, denn Ihnen, dem Experimentator, könnte ein bestimmtes Ergebnis besser gefallen als ein anders. Sie führen das Experiment einige Male durch, und infolge von Unregelmäßigkeiten – etwa Schmutzpartikel, die in die Versuchsanordnung geraten – fallen die Ergebnisse jedesmal unterschiedlich aus. Sie haben nicht alles unter Kontrolle. Sie legen es auf ein bestimmtes Ergebnis an, daher sagen Sie, wenn genau das herauskommt: »Sieh an, *so* ist das also.« Beim nächsten Experiment erzielen Sie ein anderes Ergebnis. Vielleicht war aber beim ersten Mal Staub hineingeraten, doch das wollen Sie nicht wahrhaben.

Derlei scheint einleuchtend, doch die Leute beachten es nicht in ausreichendem Maße, wenn sie wissenschaftliche Fragen oder Fragen in Grenzbereichen der Wissenschaft entscheiden. Beispielsweise könnte die Art und Weise, wie Sie die Frage analysieren, ob die Aktien gestiegen oder gefallen sind, weil der Präsident dies oder jenes gesagt hat, durchaus einen gewissen Sinn haben.

Ein weiterer sehr wichtiger technischer Punkt ist, daß eine Regel um so interessanter ist, je spezieller sie ist. Je präziser die Aussage, desto spannender ist es, sie zu überprüfen. Würde jemand die These aufstellen, die Planeten kreisen um die Sonne, weil jegliche planetarische Materie über ein selbständiges Bewegungsvermögen verfüge, das heißt, dazu neige, sich zu bewegen

– wir wollen das einmal »Schlenkern« nennen –, könnte man mit Hilfe dieser Theorie auch eine ganze Reihe anderer Phänomene erklären. Also ist es eine gute Theorie, oder etwa nicht? Nein. Sie ist nicht annähernd so gut wie die These, daß die Planeten unter dem Einfluß einer zentralen Kraft, die sich genau umgekehrt zum Quadrat der Entfernung vom Mittelpunkt verändert, um die Sonne kreisen. Die zweite Theorie ist besser, weil sie so spezifisch ist, weil die Unwahrscheinlichkeit, daß es sich um ein Ergebnis des Zufalls handelt, so offenkundig ist. Sie ist so eindeutig formuliert, daß die geringste Abweichung in der Bewegung zeigen kann, sie ist falsch; andererseits könnten die Planeten kreuz und quer durch das ganze Weltall purzeln, doch laut der ersten Theorie könnten Sie sagen: »Na ja, das ist eben die komische Auswirkung des ›Schlenkerns‹.«

Je präziser also die Regel ist, desto mehr Aussagekraft hat sie, desto wahrscheinlicher sind Ausnahmen und desto interessanter und nutzbringender ist es, sie zu überprüfen.

Worte können bedeutungslos sein. Verwendet man sie auf eine Art und Weise, daß man keine eindeutigen Schlußfolgerungen treffen kann, wie in meinem Beispiel mit dem »Schlenkern«, dann ist die These, die man aufstellt, nahezu bedeutungslos, denn mit der Behauptung, Dinge hätten nun einmal eine gewisse Tendenz, sich zu bewegen, kann man fast alles erklären. Philosophen haben viel Aufhebens davon gemacht und gefordert, Worte müßten äußerst präzise definiert werden. Ehrlich gesagt, ich bin nicht ganz dieser Meinung; ich glaube, ungeheure Genauigkeit bei der Definierung ist oft der Mühe nicht wert; gelegentlich ist sie nicht einmal möglich – genau genommen ist sie meistens nicht möglich, doch auf diese Streitfrage will ich mich hier nicht näher einlassen.

Das meiste von dem, was viele Philosophen zur Naturwissenschaft zu sagen wissen, bezieht sich in Wirklichkeit auf die technischen Aspekte, die ins Spiel kommen, sobald man sicherzustellen versucht, daß die Methode einigermaßen funktioniert. Ich habe keine Ahnung, ob diese technischen Gesichtspunkte in einem Bereich, in dem nicht Beobachtung die Richtschnur ist, irgendwie von Nutzen sind. Damit behaupte ich keineswegs, alles müsse auf ein und dieselbe Art und Weise erledigt werden, wenn man sich einer anderen Prüfmethode als der Beobachtung bedient. Auf einem anderen Gebiet ist es möglicherweise nicht so wichtig, sorgfältig auf die Bedeutung der Worte zu achten oder möglichst spezielle Regeln zu formulieren und so weiter. Ich weiß es einfach nicht.

Bei all dem habe ich etwas sehr Wichtiges ausgelassen. Ich habe gesagt, Beobachtung sei der Maßstab für die Gültigkeit einer Idee. Doch woher kommt diese Idee? Der rasante Fortschritt und die Weiterentwicklung der Wissenschaft machen es notwendig, daß Menschen sich etwas ausdenken, das sich überprüfen läßt.

Im Mittelalter glaubte man, die Leute sammelten einfach viele Beobachtungen und aus diesen ergäben sich wie von selbst die Naturgesetze. Aber so funktioniert das nicht. Dazu braucht man weit mehr Phantasie. Als nächstes müssen wir also darüber sprechen, woher die neuen Ideen kommen. Ehrlich gesagt, eigentlich ist das egal, solange sie nur auftauchen. Wir haben eine Methode, um zu überprüfen, ob eine Idee stimmt oder nicht, und diese Methode ist völlig unabhängig davon, woher die Idee stammt. Wir messen sie einfach an der Beobachtung. In der Naturwissenschaft interessiert es also niemanden, wo eine Idee herkommt.

Es gibt keine Autorität, die entscheidet, was eine gute Idee ist. Wir haben nicht mehr das Bedürfnis, zu einer Autorität zu gehen, um herauszufinden, ob eine Vorstellung der Wahrheit entspricht oder nicht. Wir können die Anschauungen einer Autorität lesen, ihre Thesen aufgreifen und sie überprüfen, um festzustellen, ob sie richtig sind. Ist dies nicht der Fall, um so schlimmer – dann büßt die Autorität etwas von ihrer »Autorität« ein.

Die Beziehungen zwischen Naturwissenschaftlern waren früher, wie bei den meisten Leuten, sehr von Streitlust geprägt. Beispielsweise galt dies, als die Physik noch in den Kinderschuhen steckte. Doch heutzutage ist das Verhältnis der Physiker untereinander ausgesprochen gut. In den meisten Fällen kann man damit rechnen, daß eine wissenschaftliche These auf beiden Seiten großes Gelächter auslöst und eine große Ungewißheit hervorruft; alle Beteiligten denken sich dann Experimente aus und schließen Wetten darüber ab, was dabei herauskommt. In der Physik gibt es eine solche Unmenge angehäufter Beobachtungen, daß es nahezu unmöglich ist, eine neue Idee zu entwickeln, die sich von allen bislang gedachten Ideen unterscheidet und dennoch mit all den Beobachtungen übereinstimmt, die man bereits gemacht hat. Wenn man also von irgendjemand irgend etwas Neues erfährt, freut man sich darüber und streitet nicht lange, warum diese andere Person sagt, dies sei so oder so.

Viele Wissenschaften sind noch nicht an diesem Punkt angelangt; in ihnen stellt sich die Situation so dar wie in den Anfangszeiten der Physik. Damals stritt man häufig und erbittert, eben weil man noch nicht viele Beobachtungen gesammelt hatte. Ich erwähne dies, weil ich es interessant finde, daß Beziehungen zwischen Menschen ausgesprochen friedlich werden können, wenn es eine unabhängige Methode gibt, die Gültigkeit einer Aussage zu beurteilen.

Die meisten überrascht es, daß man sich in den Naturwissenschaften nicht sonderlich für den Lieferanten einer Idee oder seine Beweggründe, sie darzulegen, interessiert. Man hört sich die These an, und wenn sie so klingt, als sei sie es wert, ausprobiert zu werden, wenn sie auf die Probe gestellt werden kann, wenn sie sich von allen anderen Ideen unterscheidet und nicht eindeutig irgendwelchen früheren Beobachtungen widerspricht, dann wird sie aufregend und der Mühe wert, sich damit zu befassen. Man braucht sich keine Gedanken darüber zu machen, wie lange der Betreffende nachgedacht hat oder warum er möchte, daß man ihm zuhört. Insofern spielt es keine Rolle, woher Ideen stammen. Ihr eigentlicher Ursprung bleibt ohnehin verborgen; wir bezeichnen ihn als die Vorstellungskraft des menschlichen Gehirns, als kreative Phantasie – das wissen wir alle; es ist eben einer dieser »Schlenkerer«.

Erstaunlicherweise können viele Leute sich nicht vorstellen, daß Phantasie in der Naturwissenschaft eine

Rolle spielt. Es handelt sich um eine sehr interessante Spielart von Phantasie, die ganz anders ist als die eines Künstlers. Die große Schwierigkeit besteht darin, daß man versuchen muß, sich etwas vorzustellen, das man nie gesehen hat, das jedoch in allen Einzelheiten zu dem paßt, was man bereits gesehen hat, und das sich von allem unterscheidet, was bislang gedacht worden ist; darüber hinaus muß es präzise formuliert und nicht nur eine verschwommene Theorie sein.

Übrigens grenzt die Tatsache, daß überhaupt Regelhaftigkeiten existieren, die überprüft werden können, an ein Wunder; die Möglichkeit, eine Regel wie das invers-quadratische Entfernungsgesetz der Gravitation aufzustellen, kommt einem Wunder gleich. Man versteht sie überhaupt nicht, doch sie ermöglicht Vorhersagen – das heißt, sie sagt einem, womit bei einem Experiment zu rechnen ist, das man noch nicht durchgeführt hat.

Interessant und von ausschlaggebender Bedeutung ist dabei, daß die verschiedenen wissenschaftlichen Regeln miteinander in Einklang stehen müssen. Da Beobachtungen eben nichts weiter als Beobachtungen sind, kann nicht die eine Gesetzmäßigkeit eine Voraussage liefern und eine andere Regelhaftigkeit eine andere. Wissenschaft ist also keine Angelegenheit für Spezialisten: Sie ist allumfassend. Ich habe von den Atomen in der Physiologie gesprochen, von den Atomen in der Astronomie, in der Elektrizitätslehre, in der Chemie. Sie sind universal, also müssen sie miteinander in Einklang stehen. Man kann nicht einfach mit etwas Neuem anfangen, das nicht aus Atomen bestehen darf.

Sehr aufschlußreich ist, daß der Verstand daran arbeitet, die Gesetzmäßigeiten zu erraten, und daß diese, zumindest in der Physik, immer weniger werden. Ich habe Ihnen ein Beispiel für die wunderbare Rückführung der Gesetzmäßigkeiten in der Chemie und in der Elektrizitätslehre auf eine einzige Regel genannt, doch es gäbe noch weit mehr.

Die Regeln, die die Natur beschreiben, scheinen mathematischer Natur zu sein. Das ist nicht etwa auf die Tatsache zurückzuführen, daß Beobachtung die Richtschnur ist, und Wissenschaft muß auch keineswegs notwendigerweise mathematisch sein. Es erweist sich lediglich, daß sich mit Hilfe mathematisch formulierter Gesetzmäßigkeiten zumindest in der Physik überzeugende Vorhersagen treffen lassen. *Warum* die Natur mathematisch organisiert ist, das ist wiederum ein Geheimnis.

Ich komme nun zu einem wichtigen Punkt. Möglicherweise sind die alten Gesetze falsch. Wie kann eine Beobachtung fehlerhaft sein? Wie kann sie, wenn man sie sorgfältig überprüft hat, falsch sein? Warum müssen Physiker die Gesetze ständig modifizieren? Die Antwort darauf lautet: Erstens sind die Gesetze nicht mit den Beobachtungen gleichzusetzen, und zweitens sind Experimente immer ungenau. Bei den Gesetzen handelt es sich um erratene Gesetzmäßigkeiten, um Extrapolationen; sie sind nicht etwas, das die Beobachtungen zwingend nahelegen. Es handelt sich bei ihnen einfach um gute Schätzungen, die bislang durch das Sieb geschlüpft sind. Später stellt sich heraus, das jetzige Sieb hat kleinere Löcher als die bisher verwendeten, und diesmal bleibt das Gesetz hängen. Man errät also die Gesetzmäßigkeiten; es handelt sich um Extrapolationen ins Unbekannte hinein. Man weiß nicht, was geschehen wird, also stellt man Mutmaßungen an.

Beispielsweise glaubte man – entdeckte man –, Bewegung habe keinen Einfluß auf das Gewicht eines Gegenstands: Wenn man einen Kreisel sich drehen läßt und ihn dabei wiegt, und wenn man ihn anschließend noch einmal wiegt, sobald er sich nicht mehr bewegt, kommt das gleiche heraus. Das ist das Ergebnis einer Beobachtung. Es ist jedoch unmöglich, etwas bis auf unendliche Dezimalstellen, auf Teilchen pro Milliarde genau zu wiegen. Mittlerweile wissen wir aber, ein sich drehender Kreisel wiegt mehr als ein Kreisel, der sich um einige Bruchteile auf weniger als eine Milliarde langsamer dreht. Dreht der Kreisel sich schnell genug, so daß die Geschwindigkeit an den Kanten sich 300 000 Kilometern pro Sekunde annähert, dann nimmt das Gewicht meßbar zu – allerdings erst dann. Die ersten Experimente wurden mit Kreiseln durchgeführt, die sich mit einer viel geringeren Geschwindigkeit als 300 000 Kilometern pro Sekunde drehten. Damals hatte es den Anschein, die Masse des sich drehenden Kreisels und die des Kreisels im Ruhezustand seien genau gleich, und irgendjemand mutmaßte, die Masse verändere sich nie.

Wie töricht! Was für ein Narr! Es handelt sich ja nur um ein erratenes Gesetz, um eine Extrapolation. Warum hat er etwas derart Unwissenschaftliches gemacht? Das Ganze war durchaus nicht unwissenschaftlich; es war lediglich ungewiß. Unwissenschaftlich wäre es gewesen, *nicht* zu raten. Man muß dies tun, denn Extrapolationen sind das einzige, das wirklich einen Wert hat. Es ist nichts weiter als im Prinzip das, was Ihrer Meinung nach in einem Fall geschieht, den Sie noch nicht durchprobiert haben, der es jedoch wert ist, darüber Bescheid zu wissen. Wissen ist völlig wertlos, wenn Sie mir nichts weiter sagen können, als was gestern passiert ist. Notwendig ist es zu sagen, was morgen geschehen wird, wenn man etwas Bestimmtes tut – nein, notwendig ist es nicht, aber es macht Spaß. Nur muß man willens sein, seinen Kopf dafür hinzuhalten.

Jedes wissenschaftliche Gesetz, jedes wissenschaftliche Axiom, jede Feststellung der Ergebnisse einer Beobachtung ist eine Art Zusammenfassung, bei der die Einzelheiten unter den Tisch fallen, da man nichts genau festlegen kann. Der Mann hatte einfach etwas vergessen – er hätte das Gesetz so formulieren sollen: »Die Masse ändert sich nicht *beträchtlich*, solange die Geschwindigkeit nicht *zu hoch* ist.« Die Spielregel lautet, eine spezifische Regel aufzustellen und zu sehen, ob sie das Sieb passiert. Die spezifische Mutmaßung war also, die Masse ändere sich nie. Eine aufregende Möglichkeit! Daß sich später herausstellte, dem ist nicht so, schadet weiter nichts. Es war nur ungewiß, und sich nicht sicher zu sein ist nichts Schlimmes. Es ist besser, etwas zu sagen, auch wenn man dessen nicht sicher ist, als überhaupt nichts zu sagen.

Für alle unsere wissenschaftlichen Aussagen, all unsere Schlußfolgerungen gilt notwendigerweise, daß sie ungewiß sind, denn es handelt sich lediglich um Schlußfolgerungen. Um Schätzungen, was geschehen könnte. Man kann jedoch nicht wissen, was wirklich geschehen wird, weil man die umfassendsten Experimente nicht durchgeführt hat.

Seltsam, die Auswirkung auf die Masse eines sich drehenden Kreisels ist so geringfügig, daß Sie sagen könnten: »Oh, eigentlich ist das nicht weiter von Bedeutung.« Um jedoch ein Gesetz aufzustellen, das richtig ist, zumindest eines, das nacheinander die verschiedenen Siebe passiert, das vielen Beobachtungen standhält, bedarf es einer ungeheuren Intelligenz und Vorstellungskraft und einer umfassenden Aufpolierung unserer Philosophie, unseres Verständnisses von Raum und Zeit. Ich spreche von der Relativitätstheorie. Es stellt sich heraus, die winzigen Auswirkungen, zu denen es immer kommt, erfordern die revolutionärsten Modifizierungen von Ideen.

Wissenschaftler sind daher an Zweifel und Ungewißheit gewöhnt und kommen damit zurecht. Jegliche wissenschaftliche Erkenntnis ist ungewiß. Diese Erfahrung im Umgang mit Zweifel und Ungewißheit ist wichtig. Ich glaube, sie ist sehr wertvoll und reicht über die Wissenschaften hinaus. Um ein Problem zu lösen, auf das bislang noch niemand eine Antwort gefunden hat, muß man meiner Ansicht nach die Tür zum Unbekannten angelehnt lassen. Man muß die Möglichkeit zulassen, es nicht ganz richtig hingekriegt zu haben. Ansonsten, wenn man sich bereits festgelegt hat, gelingt es einem möglicherweise nicht, das Problem zu lösen.

Sagt ein Wissenschaftler Ihnen, er wisse die Antwort nicht, dann kennt er sich schlicht nicht aus. Erklärt er jedoch, er habe eine Ahnung, wie es funktionieren könnte, ist er sich nicht sicher. Wenn er einigermaßen überzeugt ist, es hinzukriegen, und meint: »Ich wette, so und so funktioniert das«, dann hat er immer noch gewisse Zweifel. Und um Fortschritte zu erzielen, ist es von ungeheurer Bedeutung, dieses Nicht-Wissen und diesen Zweifel zuzulassen. Denn eben weil wir zweifeln, nehmen wir uns vor, in neuen Richtungen nach neuen Ideen zu suchen. Die Geschwindigkeit der Weiterentwicklung der Wissenschaft entspricht nicht nur der Geschwindigkeit, mit der man Beobachtungen sammelt, sondern, und das ist weit wichtiger, der Geschwindigkeit, mit der man sich neue Dinge ausdenkt, um sie zu überprüfen.

Wären wir nicht in der Lage, oder hätten wir nicht den Wunsch, in jede neue Richtung zu blicken, kennten wir keine Zweifel, und würden wir Nicht-Wissen nicht anerkennen, kämen wir nie auf neue Ideen. Es gäbe nichts, das es wert wäre, überprüft zu werden, denn wir wüßten ja, was wahr ist. Daher ist das, was wir heutzutage als wissenschaftliche Erkenntnisse bezeichnen, eine Ansammlung von Aussagen mit einem unterschiedlichen Grad an Gewißheit. Einige sind äußerst unsicher, andere fast sicher, doch absolut gewiß ist keine. Wissenschaftler sind daran gewöhnt. Wir wissen, es ist möglich, zu leben, ohne zu wissen. Wenn einige Leute sagen: »Wie können Sie *leben*, ohne zu wissen?«, dann verstehe ich nicht, was sie damit meinen. Ich weiß nicht, und doch lebe ich, das war schon immer so. Und es ist ganz einfach. Wie man etwas herausfindet, das ist es, was ich wissen möchte.

Die Freiheit zu zweifeln spielt eine wichtige Rolle in der Wissenschaft und, so glaube ich, auch in anderen Bereichen. Sie war das Ergebnis eines Kampfes. Eines Kampfes darum, zweifeln, unsicher sein zu dürfen. Und wir sollten nicht vergessen, wie wichtig dieser Kampf war, und ihn nicht aus Nachlässigkeit in Vergessenheit geraten lassen. Als Wissenschaftler, der um den ungeheuren Wert einer zufriedenstellenden Philosophie des Nicht-Wissens und um den Fortschritt weiß, den eine solche Philosophie ermöglicht, einen Fortschritt, der die Frucht der Freiheit des Denkens ist, verspüre ich eine gewisse Verantwortung. Ich fühle mich verantwortlich dafür, den Wert dieser Freiheit zu verkünden und den Leuten beizubringen: Vor Zweifeln braucht man sich nicht zu fürchten, sondern sollte sie als die Möglichkeit eines neuen Potentials für die Menschheit begrüßen. Wenn Sie wissen, Sie sind sich nicht sicher, dann haben Sie die Chance, diesen Zustand zum Besseren hin zu verändern. Und diese Freiheit will ich für zukünftige Generationen einfordern.

In der Wissenschaft ist Zweifel eindeutig ein Wert. Ob dies auch in anderen Bereichen gilt, ist eine offene Frage und eine ungewisse Angelegenheit. In den folgenden Vorträgen will ich auf eben diesen Punkt eingehen und zu zeigen versuchen, daß es wichtig ist zu zweifeln und daß Zweifel keineswegs etwas ist, vor dem man sich fürchten müßte, sondern etwas sehr Wertvolles.

II

Die Ungewißheit der Werte

Ein wenig traurig stimmt es uns alle, wenn wir bedenken, welch wundersame Möglichkeiten der Menschheit
offenzustehen scheinen, und sie mit dem wenigen vergleichen, das wir erreicht haben. Stets glaubte man, wir
könnten es doch eigentlich viel weiter bringen. Die
Menschen der Vergangenheit träumten im Alptraum
ihrer Zeit von der Zukunft, und wir, die wir in ihrer Zukunft leben, haben, auch wenn viele ihrer Träume sogar
noch übertroffen wurden, weitgehend die gleichen
Träume. Die Zukunftshoffnungen sind heutzutage nahezu die gleichen wie in der Vergangenheit. Zu einem
bestimmten Zeitpunkt glaubte man, die potentiellen
Fähigkeiten der Menschen könnten sich nicht entfal-
ten, da alle unwissend seien, und Erziehung und Ausbildung stellten die Lösung des Problems dar – wären
alle Leute gebildet, gäbe es vielleicht nur noch lauter
Voltaires. Doch es stellte sich heraus, man kann den
Menschen genausogut Falschheit und Bösartigkeit wie
Gutartigkeit und Aufrichtigkeit beibringen. Erziehung
ist eine große Macht, die sich jedoch in beide Richtungen auswirken kann.

Man war der Ansicht, die Möglichkeiten der Verständigung zwischen den Völkern sollten eigentlich zu einem besseren gegenseitigen Verständnis und damit zu einer Lösung des Problems führen, wie man die in den Menschen angelegten Fähigkeiten voll zur Entfaltung bringen könnte. Doch man kann die Kommunikationskanäle manipulieren oder blockieren. Man kann ebensogut Lügen verbreiten wie Wahrheiten, Propaganda genausogut wie echte, wertvolle Informationen. Kommunikation ist eine weitere große Macht, die ebenfalls zum Guten wie auch zum Schlechten genutzt werden kann.

Eine Zeitlang glaubte man, die angewandten Wissenschaften könnten die Menschen zumindest von ihren materiellen Problemen befreien, und die Bilanz sieht auch gar nicht so schlecht aus, vor allem in der Medizin, um nur ein Beispiel zu nennen. Andererseits arbeiten jetzt Wissenschaftler in Geheimlabors an der Entwicklung eben jener Krankheiten, die unter Kontrolle zu bringen sie sich so sehr bemüht hatten.

Alle verabscheuen den Krieg. Heute träumen wir davon, daß Friede die Lösung sei. Ohne die Rüstungsausgaben könnten wir tun, was immer wir wollten. Aber Friede ist ebenfalls eine große Macht zum Guten wie zum Bösen hin. Inwiefern zum Bösen? Ich weiß es nicht. Das werden wir sehen, wenn je Friede herrschen sollte. Friede ist eindeutig eine große Kraft, ebenso wie materielle Macht, Kommunikation, Erziehung, Ehrlichkeit und die Ideale vieler Träumer. Wir müssen heutzutage weit mehr solche Mächte unter Kontrolle halten als unsere Altvorderen. Und vielleicht gelingt uns dies ein wenig besser, als es den meisten von ihnen möglich war. Doch wessen wir fähig sein müßten, scheint gigantisch, verglichen mit unseren wirren Errungenschaften. Warum ist das so? Warum können wir uns selber nicht unter Kontrolle bekommen? Weil wir feststellen müssen, selbst die größten Kräfte und Fähigkeiten liefern offenbar keine klaren Antworten mit, wie man sie einsetzen soll. Beispielsweise führt die ungeheure Ansammlung von Wissen, wie die reale Welt sich verhält, lediglich zu der Schlußfolgerung, dieses Verhalten sei irgendwie sinnlos. Die Naturwissenschaften lehren einen nicht auf direktem Wege, was gut und was schlecht ist.

Zu allen Zeiten versuchten die Menschen, den Sinn des Lebens zu ergründen. Ihnen war klar, könnte man dem Ganzen, unserem Verhalten, eine bestimmte Richtung weisen, eine bestimmte Bedeutung geben, würden großartige menschliche Kräfte freigesetzt. Daher gab es ungeheuer viele Antworten auf die Frage nach der Bedeutung des Ganzen. Doch sie waren alle sehr verschiedener Art. Und die Verfechter der einen Idee blickten voller Entsetzen auf die Handlungen der Anhänger einer anderen Idee – voller Entsetzen deswegen, weil von ihrem unterschiedlichen Standpunkt aus all die großartigen Möglichkeiten der Menschheit in eine falsche, einengende Sackgasse geleitet wurden. Tatsächlich gelangten Philosophen erst anhand der Geschichte der ungeheuerlichen Greueltaten, die im Namen irriger Vorstellungen begangen wurden, zu der Erkenntnis, über welch phantastische Möglichkeiten und Fähigkeiten die Menschen verfügen.

Unser Traum ist es, den Weg ins Freie, aus diesem

Dilemma heraus zu finden. Was also ist der Sinn des Ganzen? Was können wir heute sagen, um das Rätsel des Daseins zu lösen? Ziehen wir alles in Betracht, nicht nur das, was die Alten wußten, sondern auch alles, was wir bis heute herausgefunden haben, ihnen jedoch nicht verständlich war, so müssen wir, glaube ich, unumwunden zugeben – wir wissen es auch nicht. Doch meiner Ansicht nach ist dieses Eingeständnis wahrscheinlich genau dieser Weg ins Freie.

Zuzugeben, daß wir nichts wissen, und stets die Einstellung aufrechtzuerhalten, daß wir nicht wissen, in welche Richtung wir uns *zwangsläufig* bewegen, eröffnet die Möglichkeit einer Veränderung, des Denkens, neuer Entdeckungen und Beiträge zu dem Problem, einen Weg zu finden, das zu tun, was wir letztlich tun wollen, selbst wenn wir nicht wissen, was wir wollen.

Wenn wir auf die schlimmsten Zeiten zurückblicken, waren es offenbar immer diejenigen, wenn Menschen unverbrüchlich und unbeirrbar an etwas glaubten. Und damit war es ihnen so ernst, daß sie darauf bestanden, der Rest der Welt müsse das gleiche glauben. Und dann taten sie Dinge, die in völligem Widerspruch zu ihren eigenen Glaubensvorstellungen standen, nur um das durchzusetzen, was ihrer Meinung nach die Wahrheit war.

Ich habe bereits in einem früheren Vortrag dargelegt und möchte es an dieser Stelle erneut betonen: Ein Eingeständnis des Nicht-Wissens und das Zulassen von Ungewißheit birgt die Hoffung in sich, daß die Menschen ständig auf einem Weg fortschreiten, der nicht blockiert und auf Dauer versperrt wird, wie dies so oft in verschiedenen Epochen der Geschichte der Menschheit der Fall war. Ich behaupte, daß wir nicht wissen, was der Sinn des Lebens ist und welches die richtigen moralischen Werte sind, daß wir keinerlei Möglichkeit haben, sie uns auszusuchen und so weiter. Eine Diskussion über moralische Werte, über den Sinn des Lebens und ähnliches führt notwendigerweise zur großen Quelle aller Morallehren und Deutungsversuche zurück, und diese fallen in den Bereich der Religion.

Daher habe ich das Gefühl, ich kann nicht drei Vorträge über den Einfluß wissenschaftlicher Ideen auf andere Vorstellungen halten, ohne freimütig und umfassend das Verhältnis zwischen Naturwissenschaft und Religion zu erörtern. Ich weiß nicht, warum ich mich überhaupt dafür entschuldigen soll, also lasse ich es bleiben. Allerdings würde ich gerne mit einer Erörterung der Frage nach dem Widerstreit – wenn es denn einen gibt – zwischen Naturwissenschaft und Religion beginnen. Ich habe mehr oder weniger beschrieben, was ich unter Wissenschaft verstehe; jetzt muß ich Ihnen sagen, was ich mit Religion meine. Das ist sehr schwierig, denn verschiedene Leute denken dabei an ganz unterschiedliche Dinge. Doch in dem Zusammenhang verstehe ich darunter die alltägliche, normale Art von Religion, daß man in die Kirche geht, nicht die ausgefeilte Theologie, die dazu gehört, sondern die Art, wie durchschnittliche Leute glauben, auf mehr oder weniger konventionelle Weise; über ihre religiösen und Glaubensvorstellungen möchte ich hier sprechen.

Ich glaube, es gibt in der Tat einen Konflikt zwischen

Wissenschaft und Religion, wenn man letztere mehr oder weniger so definiert. Und um die Frage so zu formulieren, daß sich ohne weiteres darüber sprechen läßt, nämlich indem ich sie ganz konkret angehe und nicht versuche, eine komplizierte theologische Abhandlung daraus zu machen, lege ich ein Problem dar, das sich meiner Erfahrung nach von Zeit zu Zeit ergibt.

Ein junger Mann aus religiöser Familie geht an die Universität und studiert, sagen wir einmal, eine Naturwissenschaft. Im Verlauf des Studiums beginnt er natürlich zu zweifeln, was im Rahmen seines Studiums ja auch notwendig ist. Zuerst zweifelt er also, dann verliert er vielleicht den Glauben an den Gott seiner Väter. Unter »Gott« verstehe ich die Art persönlichen Gott, zu dem man betet, der etwas mit der Schöpfung zu tun hat, so wie man möglicherweise um moralische Werte betet. Was ich gerade erzählt habe, passiert häufig. Es ist kein vereinzelter und auch kein frei erfundener Fall. Ich glaube in der Tat, obwohl ich mit keiner Statistik aufwarten kann, mehr als die Hälfte der Wissenschaftler glaubt nicht an den Gott ihrer Väter oder an Gott im herkömmlichen Sinne. Die meisten Wissenschaftler glauben nicht daran. Warum? Was geht da vor? Mit der Beantwortung dieser Frage können wir, glaube ich, die Probleme des Verhältnisses zwischen Religion und Wissenschaft am besten verdeutlichen.

Alsdann, warum ist das so? Es gibt drei Möglichkeiten. Die erste: Der junge Mann wird von Wissenschaftlern unterrichtet, und diese sind, wie ich bereits betont habe, Atheisten. Ihre Gottlosigkeit wird also vom Lehrer an den Schüler weitergegeben, immerfort ... Danke, daß Sie gelacht haben. Wenn Sie diesen Standpunkt einnehmen, zeigt das, glaube ich, daß Sie noch weniger von Wissenschaft verstehen als ich von Religion.

Die zweite Möglichkeit ist eine Vermutung: Ein wenig Wissen ist gefährlich. Und der junge Mann glaubt, obwohl er erst allmählich eine Ahnung von Wissenschaft bekommt, er wisse alles. Des weiteren vermuten wir, er werde, wenn er erst ein wenig reifer ist, all das besser verstehen. Aber das kann ich mir eigentlich nicht so recht vorstellen. Ich glaube, es gibt viele reife Wissenschaftler oder Leute, die sich für reif halten – und wüßte man nicht schon von vorneherein über ihre Glaubensvorstellungen Bescheid, würde man sie als reif bezeichnen –, die nicht an Gott glauben. In Wirklichkeit ist die Antwort, glaube ich, das genaue Gegenteil. Es ist durchaus nicht so, daß er alles weiß, vielmehr wird ihm plötzlich klar, er weiß gar nichts.

Die dritte Möglichkeit einer Erklärung dieses Phänomens ist: Der junge Mann hat möglicherweise eine falsche Vorstellung von Wissenschaft und weiß nicht, daß die Wissenschaft Gott nicht widerlegen kann und daß ein Glaube an die Wissenschaft und Religion miteinander vereinbar sind. Ich bin in der Tat der Ansicht, die Wissenschaft kann die Existenz Gottes nicht widerlegen. Dem stimme ich voll und ganz zu. Und ebenso bin ich der Meinung, ein Glaube an die Wissenschaft und Religion lassen sich in Einklang bringen. Ich kenne viele Wissenschaftler, die an Gott glauben. Meine Absicht ist es nicht, irgend etwas zu widerlegen. Es gibt sehr viele Wissenschaftler, die an Gott glauben, möglicherweise durchaus auf konventionelle Weise, das weiß ich nicht so genau. Doch ihr Glaube an Gott und ihre wissenschaftliche Tätigkeit stehen voll und ganz in Einklang miteinander, auch wenn das schwierig ist. Und ich möchte hier näher darauf eingehen, warum es schwerfällt, beides miteinander zu versöhnen, und vielleicht auch, warum es der Mühe wert ist, dies dennoch zu versuchen.

Es gibt, glaube ich, zwei Quellen für die Schwierigkeiten, denen unser junger Mann sich gegenübersieht, wenn er eine Naturwissenschaft studiert. Erstens lernt er zu zweifeln, lernt, daß es notwendig ist, zu zweifeln, daß es einen Wert hat, zu zweifeln. Er fängt also an, alles in Frage zu stellen. Lautete die Frage vorher möglicherweise: »Gibt es einen Gott oder gibt es keinen Gott?«, so verschiebt sie sich jetzt zu der Fragestellung hin: »Wie sicher bin ich, daß es einen Gott gibt?« Er steht nun vor einem neuen, schwierigen Problem, das sich von dem vorherigen unterscheidet. Er muß herausfinden, wie sicher er sich ist, wo auf der Skala zwischen völliger Gewißheit einerseits und völliger Ungewißheit andererseits er seinen Glauben ansiedeln soll, denn er weiß, sein Wissen muß ungewiß bleiben und er kann nie mehr ganz sicher sein. Er muß sich entscheiden. Steht es 50 zu 50 oder sind es 97 Prozent? Dies klingt wie ein winziger Unterschied, doch es handelt sich um einen wichtigen, ausschlaggebenden Unterschied. Natürlich stimmt es, normalerweise bezweifelt der Mann nicht von Anfang an gleich die Existenz Gottes. Meistens fängt es damit an, daß er an irgendwelchen Einzelheiten der Glaubenslehre zu zweifeln beginnt, etwa an einem Leben nach dem Tod oder an irgendwelchen Details im Leben Christi oder etwas in der Art. Doch um diese Frage so eindeutig wie möglich zu formulieren, sich ganz offen damit auseinanderzusetzen, vereinfache ich sie und komme direkt zu seinem letztendlichen Problem: Gibt es einen Gott oder nicht?

Seine Selbstbefragung oder sein Nachdenken oder was auch immer führt oft zu dem Schluß, es grenze nahezu an Gewißheit, daß es einen Gott gibt. Aber andererseits führt es oft zu dem Schluß, daß es fast mit Sicherheit falsch ist, an die Existenz eines Gottes zu glauben.

Nun zu der zweiten Schwierigkeit, auf die der Student bei seinem naturwissenschaftlichen Studium trifft und die in gewissem Maße eine Art Widerstreit zwischen Wissenschaft und Religion darstellt, denn es ist eine Schwierigkeit, vor der ein Mensch oft steht, wenn seine Erziehung und Ausbildung unter zwei unterschiedlichen Gesichtspunkten erfolgen. Zwar könnten wir theologisch und auf erstklassigem philosophischem Niveau argumentieren, es gäbe keinen Zwiespalt, doch Tatsache ist, der junge Mann, der aus einer religiösen Familie stammt, wird mit sich und seinen Freunden uneins, wenn er Naturwisssenschaften studiert, also kommt es zu einem Konflikt.

Der zweite Ausgangspunkt einer bestimmten Art von Widerstreit hängt daher mit den Fakten, oder, vorsichtiger ausgedrückt, den Bruchstücken von Fakten zusammen, die er im Verlauf seines naturwissenschaftlichen Studiums lernt. Beispielsweise erfährt er etwas über die ungeheure Ausdehnung des Universums, in dem wir nur ein winziges Teilchen sind, das um die Sonne wirbelt. Und diese Sonne ist eine unter hunderttausend Millionen Sonnen in unserer Galaxie, die ihrerseits nur eine von Milliarden Galaxien ist. Und dann erfährt er einiges über die enge biologische Verwandtschaft zwischen Mensch und Tier, zwischen einer Lebensform und der anderen, sowie darüber, daß der Mensch in dem unermeßlich lange sich hinziehenden Schauspiel der Evolution ein Nachzügler ist. Kann es denn wirklich sein, daß alles andere nichts weiter als ein Gerüst für Seine Schöpfung war? Und doch sind da andererseits die Atome, die offenbar alle unveränderlichen Gesetzen gemäß aufgebaut sind. Nichts kann sich dem entziehen. Die Sterne setzen sich daraus zusammen, die Tiere – doch in solch einer Differenziertheit, daß sie auf geheimnisvolle Weise lebendig erscheinen.

Ein wahrhaft gewaltiges Abenteuer ist es, das Universum zu betrachten, über den Menschen hinauszublicken, darüber nachzugrübeln, wie das alles ohne den Menschen aussähe – und so war es ja auch für den Großteil der langen Geschichte des Weltalls, und so ist es in den meisten Bereichen des Alls weiterhin. Wenn man schließlich bei dieser objektiven Betrachtungsweise anlangt und das Geheimnis und die Großartigkeit von Materie wirklich zu würdigen weiß und sodann erneut einen jetzt objektiven Blick auf den Menschen, als Materie gesehen, wirft und das Leben als Teil des umfassenden, unergründlichen Geheimnisses betrachtet, dann verspürt man etwas sehr Seltenes, ungemein Erregendes. Normalerweise mündet es in eine unbändige Fröhlichkeit und in Entzücken angesichts der Vergeblichkeit des Versuchs zu verstehen, was dieses Atom innerhalb des Universums ist, dieses Ding – von Neugierde getriebene Atome –, das sich selber ansieht und sich wundert, warum es sich wundert. Nun, solch eine wissenschaftliche Betrachtungsweise endet meist mit Ehrfurcht angesichts eines Mysteriums, dessen Grenzen sich in Ungewißheit verlieren, doch so unergründlich und eindrucksvoll erscheint es uns, daß die Theorie, das alles sei nur als Bühne gedacht, damit Gott den Kampf des Menschen zwischen Gut und Böse verfolgen kann, schlichtweg unzulänglich ist.

Einige werden mir entgegenhalten, ich hätte soeben eine religiöse Erfahrung beschrieben. Na schön, nennen Sie es, wie Sie wollen. Dann würde ich, in dieser Sprache, sagen, die religiöse Erfahrung des jungen Mannes ist von der Art, daß die Religion seiner Kirche ihm unzulänglich dafür erscheint, diese Art von Erfahrung zu beschreiben, zu erfassen. Der Gott der Kirche ist nicht groß genug.

Vielleicht. Jeder hat dazu seine eigene Meinung.

Nehmen Sie jedoch einmal an, unser Student gelangt tatsächlich zu der Anschauung, persönliche Gebete würden nicht erhört. Ich versuche nicht, die Existenz Gottes zu widerlegen. Vielmehr will ich Ihnen lediglich ein Verständnis für den Ursprung der Schwierigkeiten vermitteln, auf die Menschen treffen, deren Erziehung und Ausbildung unter zwei unterschiedlichen Gesichtspunkten erfolgte. Soweit ich weiß, ist es nicht möglich, die Existenz Gottes zu widerlegen. Doch wahr ist auch, daß es schwierig ist, zwei verschiedene Standpunkte einzunehmen, die aus zwei unterschiedlichen Richtungen herrühren. Nehmen wir also an, dieser besondere Student hat ganz besondere Schwierigkeiten und kommt zu dem Schluß, persönliche Gebete würden nicht erhört. Was passiert dann? Dann richtet sich der Mechanismus des Zweifels, richten sich seine Zweifel auf ethische Probleme. Denn gemäß seiner religiösen Erziehung sind die ethischen und moralischen Werte das Wort Gottes. Wenn es jedoch möglicherweise keinen Gott gibt, dann sind vielleicht auch diese ethischen und moralischen Werte falsch. Das Interessante ist jedoch, sie haben das Ganze nahezu unbeschadet überstanden. Mag es auch eine Zeit gegeben haben, in der einige der moralischen Anschauungen und ethischen Standpunkte seiner Religion ihm falsch erschienen – nachdem er darüber nachgedacht hat, ist er zu vielen von ihnen zurückgekehrt.

Doch bei meinen atheistischen Kollegen, die wie ich in der Wissenschaft tätig sind – übrigens betrifft dies nicht alle Wissenschaftler –, kann ich aus ihrem Verhalten – da ich natürlich auf der gleichen Seite stehe – nicht schließen, daß sie sich besonders von den religiösen unterscheiden. Und es hat den Anschein, als gälten moralische Empfindungen, Verständnis für andere und Menschlichkeit für die Gläubigen genauso wie für die Nichtgläubigen. Ich habe den Eindruck, die ethischen und moralischen Ansichten sind irgendwie unabhängig von der Theorie des großen Räderwerks des Universums.

Wissenschaft übt in der Tat einen Einfluß auf viele Vorstellungen aus, die mit Religion zusammenhängen, doch ich glaube nicht, daß sie sich besonders nachhaltig auf das moralische Verhalten und auf ethische Einstellungen auswirkt. Religion hat viele Aspekte. Sie ist eine Antwort auf alle möglichen Fragen. Drei Punkte möchte ich jedoch besonders hervorheben.

Der erste ist, sie erklärt, was die Dinge sind und woher sie kommen, was der Mensch ist, was Gott ist, welche Eigenschaften Gott hat und so weiter. Im Rahmen unserer Erörterung bezeichne ich dies als die *metaphysischen* Aspekte von Religion.

Sodann gibt sie Anweisungen, wie man sich verhalten soll. Ich meine nicht in Form von irgendwelchen Zeremonien oder Ritualen oder derlei, sondern wie man sich im allgemeinen, in moralischem Sinne zu verhalten hat. Dies könnten wir den *ethischen* Aspekt von Religion nennen.

Und schließlich: Die Menschen sind schwach. Es bedarf mehr als des richtigen Bewußtseins, um sich richtig zu verhalten. Denn selbst wenn Sie vielleicht das Gefühl haben zu wissen, was Sie tun sollten, wissen Sie doch ebensogut, man verhält sich nicht immer so, wie man selber gerne möchte. Aber eine der machtvollsten Eigenschaften von Religion ist ihre inspirierende Kraft. Religion bringt einen dazu, sich richtig zu verhalten. Und nicht nur das, sie stellt eine Inspiration für die Kunst und viele andere menschliche Aktivitäten dar.

Diese drei Aspekte hängen, von der Religion her gesehen, sehr eng miteinander zusammen. Zunächst läuft das normalerweise in etwa so ab: Die moralischen Werte sind Gottes Wort. Dies verbindet die ethischen und metaphysischen Aspekte von Religion miteinander. Und schließlich beflügelt dies auch die Vorstel-

57

lungskraft, denn wenn Sie für Gott arbeiten und Gottes Willen gehorchen, verbindet Sie das in gewisser Weise mit dem Universum, Ihr Verhalten hat im großen Zusammenhang der Welt einen Sinn, und das motiviert Sie. Diese drei Aspekte sind alle sehr gut aufeinander abgestimmt und miteinander verknüpft. Die Schwierigkeit besteht darin, daß die Wissenschaft gelegentlich zu den ersten beiden Kategorien, den ethischen und metaphysischen Aspekten von Religion, in Widerspruch gerät.

Es kam zu einem großen Kampf, als man entdeckte, die Erde dreht sich um ihre eigene Achse und umkreist die Sonne. Das hätte gemäß den religiösen Vorstellungen jener Zeit nicht sein dürfen. Ein schrecklicher Streit entbrannte, und das Ergebnis war, die Religion gab in diesem Fall ihren Standpunkt auf, die Erde sei der Mittelpunkt des Universums. Doch dieses Nachgeben führte letztlich zu keinerlei Veränderung des moralischen Standpunkts der Religion. Zu einem weiteren ungeheuren Streit kam es, als man es für wahrscheinlich hielt, daß der Mensch vom Affen abstammt. Wiederum zogen sich fast alle Religionen von dem metaphysischen Standpunkt zurück, dies sei nicht wahr. Auch diesmal änderten die moralischen Anschauungen sich nicht sonderlich. Wenn man einsieht, ja, die Erde dreht sich um die Sonne, sagt uns das dann, ob es richtig ist, auch die andere Wange hinzuhalten? Dieser Konflikt, der mit den metaphysischen Aspekten zusammenhängt, ist doppelt schwierig, da die Tatsachen im Widerspruch stehen. Und nicht nur die Fakten, sondern auch die geistigen Einstellungen. Die Schwierigkeit besteht nicht allein darin, ob die Sonne sich um die Erde dreht oder nicht, vielmehr ist auch die Einstellung dieser Tatsache gegenüber in der Religion eine andere als in der Wissenschaft. Die Ungewißheit, die unerläßlich ist, um die Natur richtig einzuschätzen, läßt sich nicht so ohne weiteres mit dem Gefühl der Gewißheit im Glauben, das normalerweise mit einer tiefen Verwurzelung in der Religion einhergeht, in Übereinstimmung bringen. Meiner Ansicht nach kann ein Wissenschaftler nicht die gleiche Glaubensgewißheit aufbringen wie tiefreligiöse Menschen. Vielleicht geht es. Ich weiß es nicht. Schwierig ist es, glaube ich, allemal. Doch irgendwie scheinen die metaphysischen Aspekte von Religion nichts mit den ethischen Werten zu tun zu haben; die moralischen Normen liegen offenbar außerhalb des Geltungsbereichs der Wissenschaft. All diese Konflikte scheinen die ethischen Wertvorstellungen nicht zu beeinträchtigen.

Ich habe eben gesagt, die ethischen Werte lägen außerhalb des Geltungsbereichs der Wissenschaft. Diese Behauptung muß ich untermauern, denn viele Leute denken in dieser Hinsicht anders. Sie glauben, eigentlich sollte es möglich sein, aus der Wissenschaft einige Schlußfolgerungen hinsichtlich moralischer Werte zu ziehen.

Es gibt mehrere Gründe für meine Überzeugung. Sehen Sie, wenn man nicht einen sehr guten Grund hat, muß man eben mehrere Gründe haben. Ich nenne daher vier Argumente, warum ich glaube, daß moralische Werte nicht in den Zuständigkeitsbereich der Wissenschaft fallen. Erstens gab es in der Vergangenheit Konflikte. Die metaphysischen Einstellungen änderten sich, doch dies hatte praktisch keinerlei Einfluß auf die ethischen Ansichten. Das muß doch ein Hinweis darauf sein, daß beide voneinander unabhängig sind.

Zweitens, und darauf habe ich, glaube ich zumindest, bereits hingewiesen, gibt es gute Menschen, die gemäß einer christlichen Ethik leben, aber nicht an die Göttlichkeit Christi glauben. Übrigens habe ich vorhin vergessen zu erwähnen, daß ich hier von Religion in einem mehr oder weniger eingeschränkten Sinn spreche: Ich weiß, viele Leute gehören einer anderen Religion als der abendländischen an. Doch bei einem so breit gefächerten Thema empfiehlt es sich, ein spezielles Beispiel herauszugreifen; Sie brauchen es nur zu übertragen und zu sehen, wie sich das Ganze darstellt, wenn Sie Moslem oder Buddhist oder was auch immer sind.

Drittens scheint es, soweit ich aus dem Sammeln wissenschaftlicher Hinweise weiß, nirgends irgend etwas zu geben, das besagt, ob die Goldene Regel gut ist oder nicht. Dafür habe ich keinen Beweis auf der Grundlage wissenschaftlicher Untersuchungen.

Und schließlich möchte ich ein kleines philosophisches Argument vorbringen – darin bin ich nicht besonders gut, aber ich möchte es trotzdem versuchen, um zu erklären, warum ich vom Theoretischen her glaube, daß Wissenschaft und moralische Fragen voneinander unabhängig sind. Das umfassende menschliche Problem, die große Frage ist doch immer: »Soll ich das tun?« Es ist eine Frage des Verhaltens. »Was soll ich tun? Soll ich dies oder jenes tun?« Wie können wir nun eine solche Frage beantworten? Wir können Sie zweiteilen und sagen: »Wenn ich das tue, was passiert dann?« Das gibt mir allerdings keinerlei Hinweis darauf, ob ich es tun soll. Aber wir haben ja noch den zweiten Teil der Frage, und der lautet: »Na ja, will ich denn, daß das passiert?« Mit anderen Worten, die erste Frage: »Wenn ich das tue, was passiert dann?« ist einer wissenschaftlichen Untersuchung zumindest zugänglich; es ist sogar eine typisch wissenschaftliche Fragestellung. Es bedeutet nicht, daß wir wissen, was geschehen wird. Weit gefehlt. Wir wissen nie, was passieren wird. Die Wissenschaft ist in der Hinsicht sehr primitiv. Aber zumindest haben wir im Bereich der Wissenschaft eine Methode, damit umzugehen. Die Methode lautet: »Versuchen und sehen, was passiert« – darüber haben wir bereits gesprochen – und Informationen sammeln und so weiter. Die Frage: »Wenn ich dies oder jenes tue, was passiert dann?« ist also eine typisch wissenschaftliche Frage. Die Frage: »Möchte ich, daß das passiert?« ist jedoch – letztendlich – keine solche. Na ja, sagen Sie, ich sehe, daß alle getötet werden, und das will ich natürlich nicht. Nun, woher wollen Sie wissen, daß Sie das nicht wollen? Sie sehen, am Ende müssen Sie eine prinzipielle Entscheidung treffen.

Sie könnten ein anderes Beispiel nehmen. So könnten Sie beispielsweise sagen: »Wenn ich diese Wirtschaftspolitik betreibe, kommt es, das ist absehbar, zu einer Depression, und das will ich natürlich nicht.« Warten Sie. Verstehen Sie, nur zu wissen, daß es sich um eine Depression handelt, sagt Ihnen noch nicht, daß Sie diese nicht wollen. Sie müssen dann entscheiden, ob das Gefühl der Macht, das Ihnen daraus erwächst, ob die Bedeutung, die es für das Land hätte, sich in diese Richtung zu entwickeln, mehr wert ist als der Preis, den die Leute, die darunter zu leiden hätten, bezahlen müßten. Oder vielleicht würden nur einige leiden, andere hingegen nicht. Und so muß am Ende eine eindeutige Entscheidung stehen, etwa in dem Sinne, was von Wert ist, ob Menschen einen Wert haben, ob Leben einen Wert hat. Ganz zum Schluß – Sie können die Überlegung weiterführen, was im weiteren Verlauf geschieht –, aber schließlich müssen Sie sich entscheiden: »Ja, das will ich« oder »Nein, das will ich nicht«. Und die Entscheidung ist hier anderer Art. Ich sehe keine Möglichkeit, wie Sie, nur mittels des Wissens, was geschehen wird, sagen könnten, ob Sie es im Grunde und in letzter Konsequenz so haben wollen. Ich glaube daher, daß es unmöglich ist, moralische Fragen mittels wissenschaftlicher Methoden zu entscheiden; vielmehr ist beides voneinander unabhängig.

Und nun möchte ich mich dem dritten Aspekt von Religion, der Inspiration, zuwenden, und das führt mich sogleich zu einer Schlüsselfrage, die ich gerne Ihnen allen stellen will, denn ich habe keine Ahnung, wie die Antwort lautet. Die Quelle der Inspiration, die Quelle von Stärke und Trost hängt heute in jeder Religion eng mit ihren metaphysischen Inhalten zusammen. Das heißt, Inspiration rührt daraus, für Gott tätig zu sein, sich Seinem Willen zu unterwerfen und so weiter. Nun schwächt sich jedoch eine gefühlsmäßige Bindung, die auf diese Weise zum Ausdruck kommt, das überwältigende Gefühl, man verhalte sich richtig, ab, wenn sich auch nur der geringste Zweifel an der Existenz Gottes einschleicht. Wenn der Glaube an Gott also von Ungewißheit angekränkelt ist, versagt diese spezielle Methode, sich motivieren zu lassen. Die Antwort auf diese Frage kenne ich nicht, auf die Frage, wie man den wahren Wert von Religion als einer Quelle der Kraft und des Muts, die sie für die meisten Menschen darstellt, bewahren kann, ohne gleichzeitig bedingungslos an das metaphysische System zu glauben. Vielleicht denken Sie sich jetzt, es müßte doch eigentlich möglich sein, ein metaphysisches Regelwerk für Religion zu erfinden, das die Dinge auf eine Art und Weise festlegt, daß Wissenschaft nie in Widerspruch dazu gerät. Ich glaube jedoch nicht, daß es möglich ist, von einer abenteuerlustigen, stets vorwärtsschreitenden Wissenschaft auszugehen, die sich auf das Unbekannte richtet, und die Antwort auf bestimmte Fragen schon im voraus zu geben, ohne damit zu rechnen, daß Sie, gleichgültig, was Sie tun, früher oder später feststellen müssen, einige von den Antworten dieser Art sind falsch. Meiner Ansicht nach gerät man also notwendigerweise in einen Konflikt, wenn man einen bedingungslosen Glauben an die metaphysischen Aspekte fordert; andererseits ist mir nicht klar, wie wir den eigentlichen Wert von Religion als inspirierender Kraft aufrechterhalten können, wenn wir Zweifel daran haben. Das ist ein gewichtiges Problem.

Die westliche Zivilisation gründet sich, so scheint mir, auf zwei große Vermächtnisse. Das eine ist die wissenschaftliche Lust auf Abenteuer – auf das Abenteuer ins Unbekannte hinein, ein Unbekanntes, das als solches anerkannt werden muß, um erforscht zu werden, die Forderung, daß die unauflösbaren Geheimnisse des Universums unaufgelöst bleiben, die Einstellung, daß alles ungewiß ist. Um es zusammenzufassen: die Demut des Intellekts.

Das andere große Erbe ist die christliche Ethik – daß alles Handeln von Liebe, von der Brüderlichkeit aller Menschen, dem Wert des einzelnen Menschen, der Demut des Geistes getragen ist. Diese beiden Vermächtnisse stehen logisch völlig in Einklang miteinander. Doch Logik ist nicht alles. Das Herz muß ebenso daran beteiligt sein, wenn man sein Leben an einer Idee ausrichten will. Wenn Menschen sich erneut der Religion zuwenden, was genau ist es dann, zu dem sie zurückkehren? Ist die heutige Kirche der geeignete Platz, um einem Menschen Trost zu spenden, der an Gott zweifelt? Mehr noch, der nicht an Gott glaubt? Ist die heutige Kirche der richtige Platz, um dem Trost und Ermutigung zuteil werden zu lassen, der am Wert solcher Zweifel festhält? Haben wir nicht bislang Stärke und Mut daraus geschöpft, daß wir das eine oder das andere dieser beiden in Einklang stehenden Vermächtnisse auf eine Art und Weise am Leben hielten, die den Werten des jeweils anderen entgegenlief? Ist das unausweichlich? Wie können wir uns inspirieren lassen, um diese zwei Säulen abendländischer Zivilisation zu stützen, so daß sie gemeinsam in voller Kraft, ohne Furcht voreinander, aufrechtstehen? Ich weiß es nicht. Doch ich glaube, mehr kann ich über das Verhältnis zwischen Wissenschaft und Religion – der Religion der Vergangenheit und der Gegenwart – nicht sagen, als daß sie daher eine Quelle moralischer Verhaltensregeln wie auch der Motivation ist, sich an diese Regeln zu halten.

Heuzutage besteht, wie schon immer, ein Konflikt zwischen den Nationen, insbesondere zwischen den beiden großen Lagern Rußland und den Vereinigten Staaten. Ich bestehe darauf: Wir sind unserer moralischen Anschauungen nicht sicher. Verschiedene Leute haben unterschiedliche Vorstellungen davon, was richtig und was falsch ist. Wenn wir uns unserer Auffassungen, was richtig und falsch ist, nicht sicher sind, wie sollen wir uns dann in diesem Konflikt entscheiden? Worin genau besteht dieser Konflikt? Wenn wir den Wirtschaftskapitalismus der Planwirtschaft entgegensetzen, ist es dann völlig klar und von ausschlaggebender Bedeutung, welche Seite recht hat? Die Ungewißheit bleibt notwendigerweise bestehen. Zwar können wir uns dessen einigermaßen sicher sein, Kapitalismus ist besser als Planwirtschaft, doch auch wir kennen ja eine Kontrolle durch die Regierung: die Körperschaftssteuer liegt bei 52 Prozent.

Es gibt einen Widerstreit zwischen Religion – von der man normalerweise annimmt, sie repräsentiere unser Land – auf der einen Seite und Atheismus – der angeblich für die Russen bezeichnend ist – auf der anderen Seite. Zwei Standpunkte – es handelt sich um nichts weiter als zwei Standpunkte –, und keine Möglichkeit, sich zwischen ihnen zu entscheiden. Es gibt das Problem: menschliche Werte oder aber staatliche Werte, die Frage, wie man mit Verbrechen gegen den Staat umgehen soll – verschiedene Gesichtspunkte, bei denen uns nichts bleibt als Ungewißheit. Besteht hier tatsächlich ein Widerstreit? Vielleicht gibt es eine gewisse Weiterentwicklung diktatorischer Herrschaft in Richtung auf den Wirrwarr, wie er in einer Demokratie herrscht, und andererseits der Verworrenheit einer Demokratie in Richtung auf ein diktatorischeres Herrschaftssystem. Ungewißheit ist offensichtlich nicht gleichbedeutend mit Konflikt. Wie schön. Doch ich glaube nicht so recht daran. Meiner Ansicht nach besteht eindeutig ein Konflikt. Ich glaube, Rußland stellt eine Gefahr dar, wenn es dort heißt, man kenne die Antwort auf die Probleme der Menschheit: nämlich alle Anstrengungen in den Dienst des Staates zu stellen. Denn das bedeutet, es gibt nichts Neues. Die menschliche Maschine darf ihre Möglichkeiten, ihre überraschenden Seiten, ihre Vielfältigkeit, ihre neuen Lösungen für schwierige Probleme, ihre neuen Standpunkte nicht ausleben.

Die Regierung der Vereinigten Staaten wurde unter dem Vorzeichen entwickelt, daß niemand wußte, wie man eine Regierung bildet oder wie man regiert. Das Ergebnis war die Erfindung eines Systems, wie man regiert, ohne zu wissen, wie das geht. Und die einzige Möglichkeit, dies zu tun, ist es, ein System wie unseres zuzulassen, in dem neue Ideen entwickelt und ausprobiert und verworfen werden können. Die Autoren der Verfassung wußten um den Wert des Zweifels. Zu ihrer Zeit hatte beispielsweise die Wissenschaft sich bereits weit genug entwickelt, um die Möglichkeiten und Fähigkeiten, die das Ergebnis von Ungewißheit sind, den Wert einer Aufgeschlossenheit für neue Möglichkeiten erkennen zu lassen. Die Tatsache, daß Sie sich nicht sicher sind, bedeutet, es besteht durchaus die Aussicht, daß sich eines Tages eine andere Möglichkeit eröffnet. Diese Offenheit neuen Möglichkeiten gegenüber ist eine Chance. Und Zweifel und Diskussionen sind von ausschlaggebender Bedeutung, wenn es einen Fortschritt geben soll. In dieser Hinsicht ist die Regierung der Vereinigten Staaten neuartig, modern, wissenschaftlich. Alles ist ein schreckliches Durcheinander, das auch. Senatoren verkaufen ihre Stimme für einen Staudamm in ihrem Staat, die Debatten werden unglaublich erregt geführt, und die Beeinflussung von Abgeordneten durch Interessengruppen tritt an die Stelle der Chance der Minderheit, angemessen vertreten zu sein, und so weiter. Die Regierungsform der Vereinigten Staaten ist keine besonders gute, aber sie ist, möglicherweise mit Ausnahme der Regierung von England, heute die großartigste auf der ganzen Welt, die zufriedenstellendste, die modernste. Aber nicht besonders gut.

Rußland ist ein rückständiges Land. O ja, technologisch ist es hochentwickelt. Ich habe den Unterschied zwischen dem, was ich als Wissenschaft beziehungsweise Technologie zu bezeichnen pflege, beschrieben. Offensichtlich lassen Technik und technologische Entwicklung sich – und das ist bedauerlich – sehr wohl mit der Unterdrückung neuer Ansichten in Einklang bringen. Anscheinend wurden, zumindest zur Zeit Hitlers, als in der Wissenschaft keine Weiterentwicklung stattfand, trotzdem Raketen gebaut, und auch in Rußland können welche produziert werden. Ich bedaure dies, aber es stimmt, technologische Entwicklung, die Anwendung von Wissenschaft, kann auch ohne Freiheit weitergehen. Rußland ist insofern rückständig, als es nicht gelernt hat, daß es eine Grenze für die Macht der Regierung gibt. Die große Entdeckung der Angelsachsen – sie sind nicht die einzigen, die auf diese Idee gekommen sind, aber wir wollen uns hier auf die neuere Geschichte des langen Kampfes dieser Idee beschränken – besteht darin, daß der Regierungsgewalt Grenzen gesetzt sind. In Rußland darf man irgendwelche Vorstellungen nicht offen kritisieren. Jetzt sagen Sie vielleicht: »Doch, man diskutiert dort den Anti-Stalinismus.« Nur in einer bestimmten, festgelegten Form. Nur in einem bestimmten, festgelegten Maße. Wir sollten das ausnützen. Warum setzen nicht auch wir uns mit dem Anti-Stalinismus auseinander? Warum weisen wir nicht darauf hin, welche Schwierigkeiten dieser Herr uns bereitet hat? Warum heben wir nicht die Gefahren hervor, die eine Regierung in sich birgt, aus deren innerstem Kreis etwas Derartiges hervorgeht? Warum weisen wir nicht auf die Parallelen zwischen dem Stalinismus, der in Rußland kritisiert wird, und den Dingen, die im gleichen Augenblick in Rußland geschehen, hin? Schon gut, schon gut ...

Ich rege mich darüber auf, nun ja ... Das ist nur eine Gefühlsaufwallung. So etwas dürfte eigentlich nicht passieren, denn wir sollten das Ganze wissenschaftlicher angehen. Ich werde Sie wohl kaum überzeugen können, wenn ich Ihnen nicht glaubhaft machen kann, daß es hier um eine vollkommen rationale, vorurteilsfreie wissenschaftliche Erörterung eines Tatbestands geht.

Ich habe nur wenig persönliche Erfahrungen mit diesen Ländern. In Polen war ich, und dort habe ich etwas sehr Interessantes festgestellt. Das polnische Volk ist natürlich ein freiheitsliebendes Volk, doch sie gehören zum russischen Machtbereich. Sie dürfen nicht veröffentlichen, was sie wollen, aber als ich dort war, vor einem Jahr war das, konnten sie seltsamerweise sagen, was sie wollten. Jedoch nichts publizieren. Und so führten wir in aller Öffentlichkeit lebhafte Diskussionen über alle Aspekte aller möglichen Fragen. Das Auffälligste, woran ich mich hinsichtlich Polens erinnere, war übrigens folgendes: Man hatte so tiefgreifende, erschreckende und entsetzliche Erfahrungen mit Deutschland gemacht, daß sie dies unmöglich vergessen können. Daher ist ihre gesamte Einstellung, was auswärtige Angelegenheiten betrifft, von der Furcht vor einem Wiedererstarken Deutschlands geprägt. Als ich dort war, habe ich mir überlegt, was für ein fürchterliches Verbrechen es wäre, wenn sich als Ergebnis einer Politik der freien Länder erneut etwas Derartiges entwickeln könnte. Deshalb finden sie sich mit Rußland ab. Weil, so erklärten sie mir, die Russen eindeutig die Ostdeutschen in Schach halten. In Ostdeutschland wird es mit Sicherheit keine Nazis mehr geben. Und es ist in der Tat keine Frage, die Russen haben sie unter Kontrolle. Zumindest diesen Puffer haben die Polen also. Merkwürdig erschien mir jedoch, daß ihnen nicht klar war, ein Land kann ein anderes beschützen, ohne es vollständig zu beherrschen, ohne sich dort breitzumachen.

Noch etwas anderes versicherten sie mir oft – verschiedene Personen zogen mich auf die Seite und erklärten mir, wir wären vermutlich überrascht, aber die Polen würden, falls sie die Russen loswerden könnten und eine eigene Regierung hätten und frei wären, mehr oder weniger genauso weitermachen wie bisher. Ich hakte nach: »Was wollen Sie damit sagen? Das überrascht mich. Das heißt doch, Sie hätten auch dann keine Redefreiheit.« – »Oh, doch, doch, wir hätten alle Freiheiten. Wir lieben die Freiheit, aber wir hätten eine verstaatlichte Industrie und so weiter. Wir glauben an die sozialistische Idee.« Ich war überrascht, denn so hatte das Problem sich mir noch nie dargestellt. Ich glaube, es geht nicht um den Gegensatz Sozialismus – Kapitalismus, sondern eher um den zwischen der Unterdrückung von Ideen und Gedankenfreiheit. Sollte tatsächlich Denkfreiheit in Verbindung mit Sozialismus besser sein als Kommunismus, wird sich das durchsetzen. Und es wird für alle von Vorteil sein. Doch wenn Kapitalismus besser ist als Sozialismus, wird er sich durchsetzen. Wir haben 52 Prozent ... na ja ...

Allen ist klar, Rußland ist kein freies Land, und die Konsequenzen für die Wissenschaft liegen auf der Hand. Eines der besten Beispiele ist Lysenko, der eine Theorie der Genetik entwickelte, laut der erworbene Eigenschaften an die Nachkommen weitergegeben werden können. Wahrscheinlich stimmt das sogar. Allerdings ist die überwiegende Zahl der genetisch bedingten Merkmale anderer Art; sie werden mit dem Keimplasma übertragen. Zweifelsohne gibt es ein paar Fälle, kennt man bereits ein paar kleine Beispiele dafür, daß irgendeine Eigenschaft durch direkte, sogenannte *psychoplasmische* Vererbung an die nächste Generation weitergegeben wird. Doch der springende Punkt ist, Vererbung funktioniert zum überwiegenden Teil anders, als Lysenko glaubt. Er hat also Rußland verdorben. Der große Mendel, der die Gesetze der Vererbung entdeckte, und die Anfänge dieser Wissenschaft sind dort gestorben. Nur in den westlichen Ländern kann sie fortgeführt werden, denn in Rußland gesteht man den Menschen nicht die Freiheit zu, diese Dinge zu analysieren. Die ganze Zeit müssen sie gegen uns polemisieren und streiten. Das Ergebnis dessen ist recht aufschlußreich. In diesem Fall ist dadurch nicht nur die Wissenschaft Biologie zum Stillstand gekommen, die im übrigen im Westen heute die produktivste, aufregendste, am schnellsten sich entwickelnde Wissenschaft ist. In Rußland hingegen tut sich auf diesem Gebiet nichts. Gleichzeitig möchte man meinen, von einem ökonomischen Standpunkt aus sei derlei unmöglich. Trotzdem hinkt, aufgrund der irrigen Vererbungs- und genetischen Theorien, die Landwirtschaftsbiologie Rußlands hinterher. Sie entwickeln nicht die richtigen Getreidekreuzungen. Sie wissen nicht, wie man bessere Kartoffelsorten züchtet. Früher wußten sie das. Vor Lysenko hatte Rußland unter anderem die weltweit größten Sammlungen unterschiedlicher Kartoffelknollen auf der Welt. Heute haben sie nichts Derartiges mehr. Sie streiten nur noch mit dem Westen.

In der Physik gab es eine schwierige Zeit. Seit einigen Jahren erfreuen sich die Physiker allerdings großer Freiheit. Keiner hundertprozentigen; es gibt verschiedene Denkschulen, die sich gegenseitig bekämpfen.

Alle nahmen sie an einem Kongreß in Polen teil, in dessen Rahmen das polnische Intourist, *Polorbis*, eine Rundreise organisierte. Natürlich gab es nur eine begrenzte Anzahl von Zimmern, und sie machten den Fehler, daß sie die Russen alle in einen Raum stecken wollten. Die regten sich fürchterlich auf und brüllten: »Seit siebzehn Jahren spreche ich kein Wort mit dem Kerl da, und jetzt werde ich nicht im gleichen Zimmer schlafen wie er.«

In der Physik gibt es zwei Schulen. Und es gibt die Guten und die Bösen; das ist ganz offensichtlich, und es ist ungemein interessant. Rußland hat hervorragende Physiker, aber im Westen entwickelt diese Wissenschaft sich weit schneller. Zwar sah es eine Zeitlang so aus, als würde sich auch dort etwas tun, doch es geschah nichts.

Das bedeutet nun allerdings nicht, daß die Technologie sich nicht weiterentwickelte oder daß die Russen in dieser Hinsicht irgendwie rückständig wären. Ich versuche nur, folgendes zu zeigen: In einem solchen Land ist die Entwicklung neuer Ideen zum Scheitern verurteilt.

Sie haben wahrscheinlich über neue Phänomene in der zeitgenössischen Kunst gelesen. Als ich in Polen war, hing moderne Kunst in versteckten Ateliers ganz hinten in kleinen Seitenstraßen. Damals gab es auch erste Ansätze einer modernen Kunst in Rußland. Ich weiß nicht, was die moderne Kunst wert ist. Ich meine, in jeder Hinsicht. Doch Chruschtschow hat sich so etwas angeschaut, und Chruschtschow hat entschieden, das Gemälde sehe aus, als sei es mit einem Eselsschwanz gemalt worden. Mein Kommentar dazu: Er muß es ja wissen.

Um das Ganze noch greifbarer zu machen, führe ich das Beispiel eines gewissen Nekrassow an, der die Vereinigten Staaten und Italien bereiste und nach Hause zurückkehrte und niederschrieb, was er gesehen hatte. Er wurde wegen, ich zitiere den Kritiker, »eines 50 zu 50-Ansatzes, wegen eines bourgeoisen Objektivismus« gegeißelt. Ist das ein wissenschaftliches Land? Wie sind wir je auf die Idee gekommen, die Russen seien in irgendeiner Hinsicht wissenschaftlich? Weil sie in den ersten Tagen ihrer Revolution andere Ideen vertraten als heute? Doch es ist unwissenschaftlich, sich keinen 50 zu 50-Ansatz zu eigen zu machen – das heißt, nicht zu verstehen, was es alles in dieser Welt gibt, das die Dinge in einem anderen Licht erscheinen läßt; es bedeutet vielmehr, blind zu sein, um Unwissenheit aufrechtzuerhalten.

Ich kann es mir nicht versagen, näher auf diese Kritik an Nekrassow einzugehen und Ihnen mehr davon zu berichten. Sie wurde von einem Mann namens Podgorny vorgebracht, dem Ersten Sekretär der Ukrainischen Kommunistischen Partei. Er sagte: »Sie haben uns hier erzählt ... [Er sprach auf einem Kongreß, auf dem vorher der andere zu Wort gekommen war; allerdings weiß niemand, was er sagte, denn es wurde nicht veröffentlicht. Die Kritik allerdings schon.] Sie haben uns hier erzählt, Sie würden nur die Wahrheit schreiben, die große, die wirkliche Wahrheit, für die Sie in den Schützengräben von Stalingrad gekämpft haben. Das wäre schön. Wir alle raten Ihnen, so zu schreiben.

[Ich hoffe, er tut es.] Ihre Rede und die Anschauungen, die Sie nach wie vor vertreten, riechen nach kleinbürgerlicher Anarchie. Das können und werden die Partei und das Volk nicht dulden. Sie, Genosse Nekrassow, sollten das besser ernsthaft überdenken.« Wie kann der arme Kerl das ernsthaft überdenken? Wie kann jemand ernsthaft darüber nachdenken, ein kleinbürgerlicher Anarchist zu sein? Können sie sich einen alten Anarchisten vorstellen, der zugleich ein Bourgeois ist? Und noch dazu kleinbürgerlich? Das Ganze ist absurd. Deshalb hoffe ich, wir alle können auch weiterhin über Leute wie Podgorny lachen und uns über sie lustig machen und gleichzeitig versuchen, auf irgendeine Weise Nekrassow wissen zu lassen, daß wir seinen Mut bewundern und Hochachtung davor empfinden, denn wir stehen erst am Anfang des Zeitalters der Menschheit. Jahrtausende liegen hinter uns, und eine unbekannt lange Zeitspanne vor uns. Es gibt alle möglichen günstigen Gelegenheiten und alle möglichen Arten von Gefahren. Man hat den Menschen schon früher unterdrückt, indem man seine Ideen unterdrückte. Lange Epochen hindurch war der Mensch blockiert. Das werden wir nicht mehr zulassen. Für zukünftige Generationen erhoffe ich mir Freiheit – die Freiheit zu zweifeln, sich zu entwickeln, das Abenteuer fortzuführen, das es bedeutet, nach neuen Möglichkeiten des Umgangs mit bestimmten Dinge zu suchen, die Freiheit, Probleme zu lösen.

Warum schlagen wir uns mit Problemen herum? Wir stehen erst am Anfang. Und wir haben jede Menge Zeit, um die Probleme zu lösen. Die einzige Möglichkeit, einen Fehler zu machen, wäre, daß wir in der ungestümen Jugend der Menschheit zu dem Schluß kommen, wir wüßten die Antwort. Das ist es. Kein Mensch kann sich etwas anderes vorstellen. Und dann verrennen wir uns. Und engen den Menschen auf die beschränkte Vorstellungskraft der heutigen Menschen ein.

So klug sind wir auch wieder nicht. Wir sind dumm. Wir sind unwissend. Wir müssen uns einen Weg ins Freie offenhalten. Ich glaube an eine Beschränkung der Regierungsgewalt. Ich glaube, eine Regierung sollte in vielerlei Hinsicht eingeschränkt werden, und ich hebe an dieser Stelle lediglich den intellektuellen Bereich hervor, denn ich möchte nicht über alles gleichzeitig reden. Nehmen wir einen kleinen Teilbereich, etwas, das mit Denken zu tun hat.

Keine Regierung hat das Recht, über die Wahrheit wissenschaftlicher Grundsätze zu entscheiden, und auch nicht dazu, auf irgendeine Weise vorzuschreiben, welche Fragen untersucht werden sollten. Zudem darf eine Regierung nicht über den ästhetischen Wert künstlerischer Schöpfungen entscheiden und ebensowenig den Formen literarischen oder künstlerischen Ausdrucks irgendwelche Grenzen setzen. Und sie sollte sich auch nicht über die Gültigkeit ökonomischer, historischer, religiöser oder philosophischer Lehren äußern. Vielmehr hat sie ihren Bürgern gegenüber die Pflicht, die Freiheit zu bewahren, diese Bürger etwas zu weiteren Abenteuern und zur Weiterentwicklung der Menschheit beitragen zu lassen.

Ich danke Ihnen.

III

Unser unwissenschaftliches Zeitalter

Als ich eingeladen wurde, die John-Danz-Vorträge zu halten, habe ich mich gefreut, daß es drei sein sollten, denn schließlich hatte ich über diese Ideen ausgiebig nachgedacht und mir eine Gelegenheit erhofft, sie nicht nur in einer Vorlesung darzulegen, sondern meine Ideen gemächlich und sorgfältig in drei Vorträgen zu entwickeln. Doch dann mußte ich feststellen, ich hatte sie vollständig – gemächlich und sorgfältig – an zwei Abenden vorgetragen.

Die systematisch durchdachten Ideen sind mir schlichtweg ausgegangen, aber bei einer ganzen Reihe von Dingen in dieser unserer Welt ist mir unbehaglich zumute, auch wenn es mir nicht gelungen ist, dieses Gefühl in eine einleuchtende, logische, vernünftige Form zu bringen. Also bleibt mir, da ich mich vertraglich verpflichtet habe, drei Vorträge zu halten, nichts anderes übrig, als Ihnen ein ziemlich unsystematisches Potpourri dieser Empfindungen des Unbehagens vorzusetzen.

Vielleicht gelingt es mir eines Tages, wenn ich eine wirklich überzeugende Erklärung für all das gefunden habe, sie in einer vernünftigen Vorlesung und nicht so ungeordnet darzulegen. Falls Sie, nur weil ich Wissenschaftler bin und laut der Broschüre, die Sie in die Hand gedrückt bekommen haben, mit einigen Auszeichnungen geehrt worden bin und so, allmählich zu glauben anfangen, einige der Dinge, die ich gesagt habe, seien wahr, statt sich diese Ideen als solche näher anzusehen und sie selber zu beurteilen – mit anderen Worten, Sie verstehen, ich schätze, irgendwie sind Sie autoritätsgläubig –, kann ich außerdem heute abend gründlich mit dieser Idealisierung aufräumen. Im heutigen Vortrag will ich zeigen, welch lachhafte Schlußfolgerungen und aberwitzige Aussagen ein Mensch wie ich machen kann. Ich möchte also jeden Eindruck von Autorität, der entstanden ist, zerstören.

Samstagabende sind eigentlich dazu da, sich zu amüsieren, und eben das ... ich glaube, ich bin jetzt genau in der richtigen Stimmung, wir können also weitermachen. Einen Vortrag mit einem Titel zu versehen, der keinem Menschen einleuchtet, ist immer gut. Dann kommt entweder etwas sehr Merkwürdiges dabei heraus oder genau das Gegenteil von dem, was man erwartet. Und das ist natürlich der Grund, warum ich ihn »Unser unwissenschaftliches Zeitalter« genannt habe. Wenn Sie allerdings unter wissenschaftlich die Anwendungsmöglichkeiten von Technologie verstehen, leben wir mit Sicherheit in einem wissenschaftlichen Zeitalter. Daran besteht kein Zweifel – wir kennen alle mögliche Arten von Anwendungen der Wissenschaft, die uns alle möglichen Schwierigkeiten bereiten, uns aber auch große Annehmlichkeiten bieten. In diesem Sinne leben wir also ganz gewiß in einer von Wissenschaft geprägten Zeit. Wenn sie unter wissenschaftlichem Zeitalter eine Epoche verstehen, in der Wissenschaft sich rasant entwickelt und, so schnell sie kann, Fortschritte macht, dann ist unsere Epoche eindeutig eine wissenschaftliche.

In den letzten zweihundert Jahren haben die Naturwissenschaften sich immer schneller entwickelt und erreichen derzeit eine Rekordgeschwindigkeit. Vor allem in der Biologie stehen wir an der Schwelle zu wahrhaft bemerkenswerten Entdeckungen. Wie sie aussehen werden, kann ich Ihnen nicht sagen – genau das ist ja das Aufregende daran. Und die Erregung, wenn man einen Stein nach dem anderen umdreht und darunter immer neue Entdeckungen findet, hält mittlerweile seit etlichen hundert Jahren in einem stetig anschwellenden Crescendo an. In diesem Sinne leben wir eindeutig in einem wissenschaftlichen Zeitalter. Es wurde als heroisches Zeitalter bezeichnet – von einem Naturwissenschaftler natürlich. Sonst weiß ja niemand darüber Bescheid. Irgendwann, wenn Historiker auf unsere Epoche zurückblicken, werden sie erkennen, es war ein ungeheuer dramatisches, bemerkenswertes Zeitalter, der Übergang von dem Zustand, nicht viel über die Welt zu wissen, dazu, eine Menge mehr, als vorher bekannt war, darüber sagen zu können. Wenn Sie jedoch der Ansicht sind, es sei in der Hinsicht ein wissenschaftliches Zeitalter, daß in der Kunst, in der Literatur, in den Einstellungen und dem Verständnis der Leute und so weiter die Wissenschaften eine große Rolle spielen, dann glaube ich, handelt es sich um alles andere als ein wissenschaftliches Zeitalter. Sehen Sie, wenn Sie beispielsweise das heroische Zeitalter, sagen wir einmal: der Griechen nehmen – damals gab es Gedichte über die Kriegshelden. In der religiösen Epoche, dem Mittelalter, stand die Kunst in unmittelbarem Zusammenhang mit der Religion, und die Einstellung der Leute zum Leben war ungemein eng mit den religiösen Anschauungen verknüpft. Es war ein religiöses Zeitalter. Unter diesem Gesichtspunkt ist unser Zeitalter kein wissenschaftliches.

Nun denn, mich grämt – was für ein schönes Wort – nicht, daß es unwissenschaftliche Dinge gibt. Ich meine, deswegen mache mir keineswegs irgendwelche Sorgen. Es ist nichts Schlimmes, wenn etwas unwissenschaftlich ist; es ist nicht so, daß etwas damit nicht in Ordnung wäre. Es ist nur unwissenschaftlich. Denn *wissenschaftlich* beschränkt sich natürlich auf die Dinge, über die wir mittels der Methode Versuch und Irrtum etwas aussagen können. Beispielsweise die Lächerlichkeit der jungen Leute, die irgendwas über purpurrote Menschenfresser und Fleischerhunde singen und bei denen es mit Gehopse und Musik rund geht; das können wir einfach nicht kritisieren, wenn wir zu der Garde alter Knacker gehören. Wir sind die Söhne von Müttern, die »Komm, Josephine, in meine Flugmaschine« gesungen haben, das ungefähr genauso modern klingt wie »Ich möchte dich auf einer Dschunke entführen, weit, weit weg«. Im Leben, in der Fröhlichkeit, in Gefühlsdingen, bei menschlichen Freuden und Vergnügungen, in der Literatur und so weiter ist es nicht notwendig, gibt es gar keinen Grund, wissenschaftlich zu sein. Man muß entspannen und das Leben genießen. Das ist es nicht, was ich kritisiere. Darum geht es nicht.

Doch wenn Sie einen Augenblick innehalten und nachdenken, werden Sie feststellen, es gibt zahlreiche, meist banale Dinge, die – völlig unnötig – unwissenschaftlich sind. Beispielsweise sind hier vorne etliche Sitzplätze frei, und trotzdem sind da hinten Leute [die stehen müssen].

Als ich mich mit einigen Studenten in einem der Seminare unterhielt, stellte einer mir eine Frage: »Gehen Sie von irgendeiner bestimmten Einstellung oder von irgendwelchen Erfahrungen aus, wenn Sie wissenschaftliche Aussagen einfließen lassen, die Ihrer Ansicht nach bei der Arbeit mit anderen Informationen nützlich sein könnten?«

(Ich werde Ihnen, nebenbei bemerkt, zum Schluß sagen, wieviel von der heutigen Welt vernünftig, rational und wissenschaftlich ist. Beachtlich viel nämlich. Ich zähle lediglich die schlechten Sachen zuerst auf. Das macht mehr Spaß. Gegen Ende werden wir dann milder. Ich habe mir einfach in den Kopf gesetzt, daß das eine hübsche Methode wäre, über all die Dinge zu sprechen, die meiner Ansicht nach unwissenschaftlich sind.)

Ich würde daher gerne ein paar kleine Tricks bei dem Unternehmen erwähnen, eine Idee zu beurteilen. Wir haben den Vorteil, daß wir in der Wissenschaft diese Idee letztendlich anhand eines Experiments überprüfen können, was in anderen Bereichen unter Umständen nicht möglich ist. Dennoch, einige Methoden, Dinge richtig einzuschätzen, einige dieser Erfahrungen sind zweifelsohne auch in anderer Hinsicht nützlich. Ich beginne also mit ein paar Beispielen.

Das erste hat damit etwas zu tun, ob ein Mensch weiß,

wovon er spricht, ob das, was er sagt, begründet ist oder nicht. Der Trick, den ich dabei anwende, ist ganz einfach. Wenn Sie ihm intelligente Fragen stellen – das heißt eindringliche, interessierte, ehrliche, unumwundene, direkte Fragen zu dem Thema und keine Fangfragen –, dann weiß er meistens sehr schnell nicht mehr weiter. Das ist wie bei einem Kind, das naive Fragen stellt. Fragt man nach ganz einfachen, aber wichtigen Dingen, dann weiß der Gefragte, wenn er ehrlich ist, meistens keine Antwort darauf. Es ist wichtig, sich dessen bewußt zu sein. Und ich glaube, ich kann einen unwissenschaftlichen Aspekt unserer Welt veranschaulichen, einen Fall, in dem es wahrscheinlich viel besser wäre, wenn man wissenschaftlicher damit umginge. Es hat etwas mit Politik zu tun. Angenommen, zwei Politiker bewerben sich um die Präsidentschaft. Einer der beiden handelt den Agrarbereich ab und wird gefragt: »Was werden Sie hinsichtlich der Probleme der Farmer unternehmen?« Und er weiß es auf Anhieb – peng, peng, peng. Jetzt geht man zu dem anderen: »Was werden Sie hinsichtlich der Probleme der Farmer unternehmen?« -»Na ja, das weiß ich nicht. Ich war früher General und kenne mich mit Landwirtschaft nicht aus. Aber meiner Ansicht nach ist das ein sehr schwieriges Problem, denn zwölf, fünfzehn, zwanzig Jahre lang haben sich Leute den Kopf darüber zerbrochen, und sie sagen, sie wüßten, wie man das Problem löst. Das Ganze scheint wirklich eine schwierige Frage zu sein. Ich werde sie daher so lösen, daß ich eine Menge Leute um mich versammle, die sich damit auskennen, und die sollen sich anschauen, was für Erfahrungen wir bisher mit diesem Problem gemacht haben. Sie sollen genügend Zeit darauf verwenden und dann zu einem vernünftigen Schluß kommen. Ich kann Ihnen nicht im voraus sagen, wie diese Schlußfolgerung aussehen wird, aber ich kann Ihnen einige der Grundsätze nennen, an die ich mich unbedingt halten möchte – ich will es den einzelnen Farmern nicht zu schwer machen, und wenn es irgendwelche besondere Probleme gibt, werden wir einen Weg finden müssen, uns darum zu kümmern«, und so weiter.

Nun, ich glaube, dieser Mann würde hierzulande nicht weit kommen. Jedenfalls hat das noch nie jemand probiert. Die Einstellung der Leute ist einfach so, daß sie eine Anwort hören wollen und daß in ihren Augen jemand, der eine Antwort weiß, besser ist als einer, der ihnen keine liefert, während es in Wirklichkeit in den meisten Fällen gerade andersherum ist. Das Ergebnis ist natürlich, daß der Politiker mit einer Antwort aufwarten muß. Und die Folge dessen ist, daß politische Versprechen nie eingehalten werden können. Das ist automatisch so – es ist einfach unmöglich. Und die Konsequenz daraus lautet, kein Mensch glaubt Wahlversprechen. Das wiederum führt dazu, daß die Politik ganz allgemein in Verruf gerät, daß man allgemein keinen Respekt mehr vor Leuten hat, die wirklich versuchen, die Probleme zu lösen, und so weiter. Der Grundstein zu alldem wird gleich zu Anfang gelegt (das war jetzt wahrscheinlich eine stark vereinfachende Analyse). Möglicherweise ist an alldem die Einstellung der Bevölkerung schuld, die eine Antwort hören und nicht jemanden finden will, der weiß, wie man zu einer Antwort kommt.

Versuchen wir es mit einem anderen Problem, das sich in der Wissenschaft stellt – ich liefere Ihnen nur ein, zwei Beispiele für jede dieser allgemeinen Vorstellungen –, nämlich, wie man mit Ungewißheit umgeht. Über die verschiedenen Vorstellungen zu diesem Problem hat man oft Witze gemacht. Ich möchte Sie aber daran erinnern, man kann sich einer Sache ziemlich sicher sein, auch wenn man nicht die letzte Gewißheit hat; man braucht nicht zwischen allen Stühlen zu sitzen, überhaupt nicht. Die Leute sagen zu mir: »Hören Sie, wie können Sie Ihren Kindern beibringen, was richtig und was falsch ist, wenn Sie es selber nicht wissen?« Einfach weil ich mir ziemlich sicher bin, was richtig und was falsch ist. Ich bin nicht völlig sicher; gewisse Erfahrungen könnten meine Einstellung ändern. Doch ich weiß in etwa, was ich ihnen beibringen möchte. Aber natürlich will ein Kind nicht das lernen, was man ihm beibringt.

Jetzt möchte ich eine in gewisser Hinsicht technische Vorstellung erwähnen, aber so ist es eben, wir müssen verstehen, wie man mit Ungewißheit umgeht. Wie verschiebt sich etwas von nahezu mit Sicherheit falsch zu fast mit Sicherheit richtig? Wie verändert sich die Wahrnehmung von bestimmten Dingen? Wie gehen Sie mit Veränderungen des Maßes an Sicherheit um, je mehr Erfahrung Sie ansammeln? Technisch gesehen, ist das reichlich schwierig, aber ich nenne Ihnen ein ziemlich einfaches abstraktes Beispiel.

Angenommen, Sie haben zwei Theorien hinsichtlich der Art und Weise, wie etwas ablaufen wird; ich nenne sie »Theorie A« und »Theorie B«. Und jetzt wird es kompliziert. Theorie A und Theorie B. Ehe Sie, aus welchem Grund auch immer, irgendwelche Beobachtungen anstellen, das heißt, Ihre früheren Erfahrungen und andere Beobachtungen und Intuition und so weiter zusammentragen, sind Sie sich hinsichtlich Theorie A weit sicherer als bei Theorie B – sehr viel sicherer. Aber angenommen, es geht darum, ein Experiment zu beobachten. Laut Theorie A dürfte nichts passieren. Laut Theorie B sollte die Substanz sich blau verfärben. Alsdann, Sie beobachten, und die Substanz wird irgendwie grünlich. Jetzt sehen Sie sich Theorie A an und sagen: »Die ist sehr unwahrscheinlich«, wenden sich Theorie B zu und meinen: »Na ja, es hätte irgendeine Art von Blau werden müssen, aber ganz ausgeschlossen war es nicht, daß die Substanz eine grünliche Farbe annimmt.« Das Ergebnis der Beobachtung ist also, Theorie A wird schwächer und Theorie B stärker. Wenn Sie nun weitere Tests vornehmen, werden die Chancen für Theorie B immer größer. Übrigens genügt es nicht, einfach immer wieder den gleichen Test durchzuführen; egal, wie oft Sie hinschauen, die Farbe ist immer noch grünlich, aber Sie sind noch nicht überzeugt. Wenn Sie jedoch zusätzlich eine Reihe anderer Punkte herausfinden, in denen sich Theorie A von Theorie B unterscheidet, dann steigen, wenn Sie viele solche Beobachtungen sammeln, die Chancen für Theorie B.

Ein Beispiel. Angenommen, ich bin in Las Vegas und lerne dort einen Gedankenübertrager kennen, oder, genauer gesagt: einen Mann, der zwar nicht behauptet, ein Gedankenübertrager zu sein, sondern, technischer ausgedrückt, über die Fähigkeit der Telekinese zu verfügen, das heißt, die Art, wie Dinge sich verhalten, durch reines Denken beeinflussen zu können. Der Typ kommt also auf mich zu und erklärt: »Ich werde Ihnen das vorführen. Wir stellen uns an den Roulettetisch, und ich sage Ihnen bei jedem Durchgang voraus, ob das Rad bei Schwarz oder Rot stehenbleibt.«

Ehe ich anfange, glaube ich, es spiele keine Rolle, von welcher Wahrscheinlichkeit man ausgeht. Zufällig habe ich aufgrund meiner Erfahrung mit der Natur, mit der Physik, Vorbehalte, was »Telekinetiker« betrifft. Wenn ich der Ansicht bin, der Mann besteht aus Atomen, und wenn ich alle – fast alle – Wechselwirkungen zwischen diesen kenne, kann ich mir nicht vorstellen, wie irgendwelche gedanklichen Tricks die Kugel unmittelbar beeinflussen können. Aufgrund anderer Erfahrungen und meines Allgemeinwissens habe ich also ein ausgeprägtes Vorurteil gegenüber Telekinetikern. Eine Million zu eins.

Wir fangen also an. Der Telekinetiker sagt, die Kugel wird auf einem schwarzen Feld liegenbleiben. Und sie trifft Schwarz. Der Telekinetiker sagt, jetzt kommt Rot. Es kommt Rot. Glaube ich an Telekinese? Nein. Derlei kann passieren. Der Telekinetiker sagt: »Jetzt hält das Rad bei Schwarz an.« Und es ist Schwarz. Der Telekinetiker erklärt, jetzt kommt Rot. Es kommt wieder Rot. Ich fange an zu schwitzen. Ich bin dabei, etwas zu lernen. Und so geht das weiter, sagen wir, zehnmal. Nun ist es durchaus möglich, daß es sich zufällig zehnmal so ergeben hat, aber die Chancen stehen tausend zu eins dagegen. Ich muß daraus nun also den Schluß ziehen, die Wahrscheinlichkeit, daß ein Telekinetiker tatsächlich derlei bewirken könnte, liegt nach wie vor bei tausend zu eins dagegen, aber immerhin nicht mehr bei einer Million zu eins wie vorher. Doch wenn er es noch zehnmal richtig trifft, hat er mich überzeugt. Aber nicht ganz. Man muß immer auch andere Theorien in Betracht ziehen. Es gibt da noch eine Theorie, die ich gleich zu Anfang hätte erwähnen sollen. Als wir zu dem Roulettetisch gegangen sind, muß ich irgendwie mit der Möglichkeit eines geheimen Einverständnisses zwischen dem angeblichen Telekinetiker und den Leuten am Roulettetisch gerechnet haben. Das ist eine Möglichkeit. Allerdings sieht der Typ nicht so aus, als habe er irgendwie etwas mit dem Flamingo Club zu tun, also vermute ich, die Chancen stehen hundert zu eins dagegen. Dennoch komme ich, nachdem er zehnmal das Richtige getroffen hat, ich aber Telekinetikern gegenüber so voreingenommen bin, doch zu dem Schluß, es gäbe irgendeine Absprache. Zehn zu eins. Ich meine, die Chancen, daß das eher das Ergebnis einer Absprache als Zufall ist, stehen zehn zu eins, aber die Wahrscheinlichkeit, daß es ein geheimes Einverständnis gibt, liegt nach wie vor bei 10000 zu eins. Wie soll er mir je beweisen, er könne mit bloßen Gedanken etwas bewirken, wenn ich immer noch so schrecklich voreingenommen bin und nun behaupte, es gäbe eine Absprache? Nun, wir können einen weiteren Versuch machen. Wir können in einen anderen Club gehen.

Wir können also mehrere Versuche durchführen. Ich kann Würfel kaufen. Wir setzen uns irgendwo hin und probieren es damit. Und so machen wir weiter und schließen eine alternative Theorie nach der anderen aus. Es bringt nichts, wenn der Telekinetiker unendlich lange vor ein und demselben Roulettetisch steht. Er kann das Ergebnis vorhersagen, doch ich komme lediglich zu dem Schluß, es gäbe eine geheime Absprache.

Allerdings hat er immer noch eine Gelegenheit zu beweisen, daß er durch seine Gedanken die Dinge beeinflussen kann, wenn er andere Aufgaben meistert. Angenommen, wir gehen in einen anderen Club, und es funktioniert, und in noch einen, und es klappt wieder. Ich kaufe Würfel, und er hält durch. Ich nehme ihn mit nach Hause und baue ein Rouletterad; er schafft es. Was schließe ich daraus? Ich komme zu dem Schluß, er verfügt über die Fähigkeit der Telekinese. So ist es also, aber natürlich ist das keine Gewißheit. Ich habe bestimmte Vorbehalte. Nach all diesen Erfahrungen komme ich zu dem Schluß, er kann wirklich Gedanken lesen – allerdings spricht nach wie vor eine gewisse Wahrscheinlichkeit dagegen. Und wenn ich jetzt neue Erfahrungen mache, stelle ich vielleicht fest, es gibt eine Möglichkeit, unbemerkt aus dem Mundwinkel zu pfeifen und so weiter. Und wenn ich das entdecke, verschieben die Chancen sich erneut, und die Ungewißheiten bleiben bestehen. Doch lange Zeit ist es möglich, anhand einer Reihe von Versuchen den Schluß zu ziehen, es gäbe tatsächlich so etwas wie Telekinese. Wenn dem so ist, werde ich ganz aufgeregt, denn damit hatte ich nicht gerechnet. Ich habe etwas gelernt, das ich vorher nicht gewußt habe, und würde dies, als Physiker, nur zu gerne als Naturphänomen untersuchen. Hängt es davon ab, wie weit er von der Kugel entfernt ist? Was ist, wenn man eine Glasscheibe oder ein Stück

Papier oder irgendwelche andere Substanzen dazwischenhält? Auf genau diese Weise wurden alle diese Dinge geklärt – was Magnetismus und was Elektrizität ist. Und mit Hilfe von genügend Experimenten könnte man auch analysieren, was es mit der Telekinese auf sich hat.

Jedenfalls, das ist ein Beispiel dafür, wie man mit Ungewißheit umgeht und etwas wissenschaftlich betrachtet. Gegen Telekinese und ähnliches voreingenommen zu sein, und zwar in einem Verhältnis von einer Million zu eins, bedeutet nicht, daß man sich nie und nimmer überzeugen ließe, es gäbe in der Tat Telekinese, Telepathie und ähnliches. Es gibt nur zwei Möglichkeiten, nie von seiner vorgefaßten Meinung abzuweichen: Wenn man sich auf eine endliche Anzahl von Experimenten beschränken muß, weil der Betreffende sich weigert, mehr zu durchzuführen, oder wenn Sie von Anfang an felsenfest davon überzeugt sind, es sei vollkommen unmöglich.

Ein anderer Wahrheitstest, um es einmal so zu nennen, der in der Naturwissenschaft, wahrscheinlich aber bis zu einem gewissen Grad auch in anderen Bereichen funktioniert: Wenn etwas wahr ist, wirklich wahr, und Sie stellen immer mehr Beobachtungen an und verbessern die Aussagekraft der Beobachtungen, dann treten die Folgen deutlicher zutage. Und nicht verschwommener. Das heißt, wenn etwas wirklich existiert und Sie können es nicht sehen, weil die Scheibe beschlagen ist, dann wischen sie das Glas ab und sehen jetzt klarer, und dann wird es mehr und nicht weniger offenkundig, daß es existiert.

Ich will Ihnen ein Beispiel geben. Ein Professor, ich glaube irgendwo in Virginia, machte über mehrere Jahre hinweg eine Menge Experimente zu Telepathie, was so ungefähr das gleiche ist wie Gedankenlesen. Bei seinen ersten Experimenten nahm er einen Stapel Karten mit verschiedenen Mustern (wahrscheinlich kennen Sie das alle, denn man konnte diese Karten kaufen, und viele Leute vergnügten sich mit dem Spiel), und dann riet man, ob ein Kreis oder ein Dreieck oder sonstwas darauf abgebildet war, während ein anderer sich auf die Karte konzentrierte. Oder Sie saßen da und konnten die Karte nicht sehen; der andere jedoch sah die Karte und dachte daran, und dann rieten Sie, was es war. Zu Beginn seiner Untersuchungen erzielte er bemerkenswerte Ergebnisse. Er fand Leute, die zehn bis fünfzehn Karten richtig errieten, teilweise sogar noch mehr; durchschnittlich hätten es aber nur fünf sein sollen. Einige kamen nahe an hundert Prozent heran, wenn sie es der Reihe nach mit allen Karten probierten. Hervorragende Gedankenleser.

Einige Leute brachten jedoch eine Reihe kritischer Einwände dagegen vor. Zum einen zählte er all die Fälle, in denen es nicht funktioniert hatte, nicht mit. Er nahm nur die paar, bei denen es klappte, aber so kann man keine Statistik führen. Und dann gab es eine ganze Reihe von offensichtlichen Hinweisen – unabsichtlich oder beabsichtigt wurden Signale von einem zum anderen geschickt.

Man brachte verschiedene Einwände gegen die Techniken und die statistische Methode vor. Der Professor verbesserte also die Technik. Das Ergebnis war, immer noch errieten bei zahlreichen Tests die Leute im Durchschnitt sechseinhalb Karten, obwohl es nur fünf sein sollten. Auf zehn oder fünfzehn oder gar fünfundzwanzig Karten kam er jedoch nie mehr. Die ersten Experimente waren also falsch gewesen. Die nächsten Tests zeigten, das beim ersten beobachtete Phänomen existierte nicht. Die Tatsache, daß wir nun durchschnittlich sechseinhalb statt fünf Karten haben, bringt eine neue Möglichkeit ins Spiel, nämlich daß es so etwas wie Telepathie gibt, allerdings auf viel niedrigerem Niveau. Das ist eine neue Vorstellung, denn wenn es das Phänomen vorher wirklich gegeben hätte, wäre es auch nach der Verbesserung der Techniken zu beobachten gewesen. Es wären nach wie vor fünfzehn Karten richtig erraten worden. Warum sank die Zahl auf sechseinhalb? Weil die Technik verbessert worden war. Nun liegen sechseinhalb Karten immer noch ein wenig über dem statistischen Durchschnitt; etliche Leute brachten also noch differenziertere Einwände vor und bemerkten ein paar andere kleine Einflüsse, die die Ergebnisse erklären könnten. Es stellte sich heraus, daß laut Aussage des Professors die Leute im Verlauf der Tests müde wurden. Und dann, so zeigte sich, errieten sie etwas weniger. Na schön, wenn man die Fälle mit schlechterem Ergebnis einfach unter den Tisch fallen läßt, gelten die Gesetze der Statistik nicht mehr, und der Durchschnitt liegt etwas über fünf Karten. Wenn der Betreffende also müde war, warf man die letzten zwei oder drei Ergebnisse weg. Dinge dieser Art wurden noch weiter verbessert. Das Ergebnis war, Telepathie existierte nach wie vor, aber jetzt bei einem Durchschnittswert von 5,1;

folglich waren alle Experimente, die auf sechseinhalb hatten schließen lassen, falsch gewesen. Und was ist mit den fünf? ... Na ja, man kann ewig so weitermachen, doch der springende Punkt ist, bei Experimenten gibt es immer winzige, unbekannte Fehlerquellen. Der eigentliche Grund, weshalb ich nicht glaube, daß die Erforscher von Telepathie deren Existenz beweisen konnten, ist jedoch, daß das Phänomen sich mit einer Verbesserung der Techniken abschwächte. Kurz gesagt: In allen Fällen widerlegten die späteren Experimente alle Ergebnisse der früheren. Wenn man das im Auge behält, kann man das Ganze richtig einschätzen.

Natürlich bestanden erhebliche Vorurteile gegenüber Telepathie und anderen Dingen dieser Art, und zwar aufgrund ihrer zunehmenden Beliebtheit in dem mystischen Unternehmen Spiritualismus und bei allen möglichen Arten von Hokuspokus im 19. Jahrhundert. Vorurteile haben die Eigenschaft, eine Beweisführung zu erschweren, doch wenn etwas wirklich existiert, setzt es sich oft von selber durch.

Ein interessantes Beispiel ist das Phänomen des Hypnotismus. Es bedurfte einer ungeheuren Anstrengung, um die Leute davon zu überzeugen, daß Hypnotismus tatsächlich existiert. Angefangen hat es mit Mesmer, der Leute von Hysterie heilte, indem er sie um Badewannen herum plazierte, sie aufforderte, sich an das Abflußrohr zu klammern und alles mögliche zu machen. Teilweise beruhte das Phänomen jedoch auf Hypnose, deren Wirksamkeit man vorher stets geleugnet hatte. Angesichts dieser Anfänge können Sie sich wahrscheinlich vorstellen, wie schwierig es war, jemanden dazu zu bringen, genügend Experimenten genügend Aufmerksamkeit zu schenken. Zu unserem Glück wurde trotz dieser ersten, abstrusen Experimente das Phänomen Hypnotismus schließlich über jeden Zweifel hinaus bewiesen. Nicht die sonderbare Art, wie derlei oft beginnt, macht also die Leute voreingenommen. Sie sind es einfach von Anfang an, doch man kann ja seine Meinung ändern, nachdem man das Phänomen erforscht hat.

Eine weitere wesentliche Voraussetzung für die gleiche Grundvorstellung ist: Der Tatbestand, den wir beschreiben, muß von einer gewissen Beständigkeit und Unveränderlichkeit sein. Wenn es schwierig·ist, mit einem Phänomen zu experimentieren, muß es zumindest, wenn man es von vielen verschiedenen Seiten betrachtet, einige Eigenschaften aufweisen, die mehr oder weniger immer gleich bleiben.

Im Falle fliegender Untertassen beispielsweise stehen wir vor der Schwierigkeit, daß fast jeder, der sie beobachtet, etwas anderes sieht, außer man hat die Leute vorher darauf hingewiesen, was sie sehen sollen. Zur Geschichte der fliegenden Untertassen gehören daher orangefarbene Lichtbälle, blaue Kugeln, die auf dem Boden auf- und abhüpfen, graue Nebelschleier, die verschwinden, spinnwebartige Dunstwolken, die sich in Luft auflösen, blecherne, runde, flache Dinger, aus denen Wesen steigen, ziemlich komische Gestalten, die aber irgendwie menschenähnlich sind.

Wenn sie auch nur einen Hauch von Gespür für die Vielschichtigkeit der Natur und die Entwicklung des Lebens auf der Erde haben, ist Ihnen klar, auf welch vielfältige Weise Leben Gestalt annehmen könnte. Es heißt, ohne Luft gäbe es kein Leben, doch es existiert unter Wasser; genau genommen hat es im Meer begonnen. Diese Lebewesen müssen in der Lage sein, sich zu bewegen und Nerven zu haben. Pflanzen haben keine Nerven. Überlegen Sie sich nur ein paar Minuten, in wie vielfältigen Formen das Leben sich uns zeigt. Und dann wird Ihnen klar, das Ding, das da aus der Untertasse klettert, wird auf gar keinen Fall irgendwie den Gestalten ähneln, die diese Leute beschreiben. Das ist äußerst unwahrscheinlich. Und es ist sehr unwahrscheinlich, daß fliegende Untertassen hier ankommen, in dieser speziellen Gegend, ohne früher irgendwie auf sich aufmerksam gemacht zu haben. Warum sind sie nicht schon früher aufgetaucht? Gerade wenn wir allmählich wissenschaftlich genug denken, um zu erkennen, daß es möglich ist, von einem Planeten zum anderen zu reisen, tauchen die fliegenden Untertassen auf.

Es gibt verschiedene, nicht ganz vollständige Beweisführungen, die einige Zweifel daran aufkommen lassen, daß die fliegenden Untertassen von der Venus kommen – beträchtliche Zweifel sogar. So erhebliche Zweifel, daß es einer großen Anzahl ungemein genauer Experimente bedarf; und das Fehlen von Beständigkeit und Unveränderlichkeit der Eigenschaften des beobachteten Phänomens legt den Schluß nahe, daß es nicht existiert. Höchstwahrscheinlich. Es ist nicht der Mühe wert, sich näher damit zu beschäftigen, es sei denn, das Problem wird dringlicher.

Ich habe mit einer Menge Leute über fliegende Untertassen gestritten. (Übrigens muß ich erklären, nur weil ich Wissenschaftler bin, bedeutet das noch lange nicht, daß ich keinen Kontakt mit Menschen hätte. Mit ganz normalen Menschen. Ich weiß, wie sie sind. Ab und zu fahre ich ganz gerne nach Las Vegas und plaudere mit den Revuegirls und den Spielern und so. In meinem Leben habe ich es ziemlich wild getrieben, daher kenne ich mich mit ganz gewöhnlichen Leuten aus.) Jedenfalls, ich muß mich am Strand mit Leuten über fliegende Untertassen unterhalten, verstehen Sie. Und folgendes fand ich interessant: Sie behaupten ständig, daß es doch möglich wäre. Und das stimmt. Es ist möglich. Doch es ist ihnen nicht klar, daß das Problem nicht darin besteht, zu beweisen, ob es möglich ist oder nicht, sondern ob es stattfindet oder nicht. Ob es wahrscheinlich ist, daß es passiert, nicht ob es passieren könnte.

Das bringt mich auf die vierte mögliche Einstellung Ideen gegenüber, nämlich: Das Problem ist *nicht*, was möglich ist. Darum geht es nicht. Der springende Punkt ist, was wahrscheinlich ist, das, was wirklich geschieht. Es bringt nichts, immer wieder zu erklären, es ließe sich nicht widerlegen, daß dies oder jenes eine fliegende Untertasse sein könnte. Wir müssen im voraus abschätzen, ob wir uns wegen der Invasion vom Mars Sorgen machen müssen. Wir müssen zu einer Entscheidung gelangen, ob dies oder jenes eine fliegende Untertasse ist, ob es vernünftig, ob es wahrscheinlich ist. Und das tun wir ausgehend von weit mehr Erfahrung, als wenn es nur darum ginge, ob es möglich ist, denn dem Durchschnittsmenschen ist gar nicht klar, wie viele Dinge möglich sind. Ebensowenig, daß viele Dinge, die möglich sind, keineswegs geschehen müssen. Daß es unmöglich ist, daß alles geschieht, was möglich ist. Und die Vielfalt ist zu groß, daher ist höchstwahrscheinlich alles, von dem Sie glauben, es sei möglich, nicht wahr. In der Tat ist dies ein allgemeiner Grundsatz in der theoretischen Physik: Egal, was so ein Typ sich ausdenkt, es ist fast immer falsch. Es gab daher in der Geschichte der Physik fünf oder zehn Theorien, die richtig waren, und genau die wollen und brauchen wir. Das heißt jedoch nicht, daß alles andere falsch ist. Wir werden es schon noch herausfinden.

Um Ihnen ein Beispiel dafür zu liefern, wie der Versuch, herauszufinden, was möglich ist, mit dem Versuch verwechselt wird, festzustellen, was wahrscheinlich ist, könnte ich die Seligsprechung Mother Seatons erwähnen. Es war einmal eine heiligmäßige Frau, die viele gute Werke an vielen ihrer Mitmenschen vollbrachte. Daran bestand kein Zweifel – entschuldigen Sie: kaum ein Zweifel. Und es war allgemein bekannt, wie sehr sie die Heldenhaftigkeit ihrer Tugenden unter Beweis gestellt hatte. In diesem Stadium lautet, entsprechend der Methode der katholischen Kirche zu bestimmen, welche Menschen als Heilige zu betrachten sind, die nächste Frage: Haben sie irgendwelche Wunder vollbracht? Unser nächstes Problem ist es also, zu entscheiden, ob sie wundertätig war.

Es gab da ein Mädchen, das an akuter Leukämie litt; die Ärzte wußten nicht mehr, was sie tun sollten, um ihr zu helfen. Im schwierigen, für die Familie kaum erträglichen Endstadium der Krankheit probiert man es mit allem möglichen – mit verschiedenen Medikamenten und derlei. Unter anderem gibt es die Möglichkeit, ein Band, das mit einem Knochen Mutter Seatons in Berührung gekommen ist, an das Bettlaken des Mädchens zu heften und dafür zu sorgen, daß etliche hundert Leute um ihre Genesung beten. Und das Ergebnis ist – nein, nicht das Ergebnis – jedenfalls, jetzt erholt das Mädchen sich.

Ein Sondertribunal wird eingesetzt, um diesen Fall zu untersuchen. Höchst offiziell, höchst sorgfältig, höchst wissenschaftlich. Wie es sich gehört. Jede Frage muß äußerst sorgfältig formuliert werden. Alles wird gewissenhaft in einem Buch niedergeschrieben: tausend dicht beschriebene Seiten, die ins Italienische übersetzt werden, als sie im Vatikan eintreffen – ein mit speziellen Kordeln verschnürtes Paket. Und das Tribunal befragt die Doktoren, ob es einen vergleichbaren Fall gäbe. Alle sind sich einig: Es gibt keinen anderen Fall dieser Art, er ist absolut ungewöhnlich, nie zuvor ist bei jemandem, der an dieser Art Leukämie litt, die Krankheit für so lange Zeit zum Stillstand gekommen. Das wäre also klar. Stimmt, wir wissen nicht, was da geschehen ist. Kein Mensch weiß das. Möglicherweise war es ein Wunder. Die Frage ist nicht, ob die Möglichkeit besteht, daß es ein Wunder war. Das Tribunal steht lediglich vor dem Problem zu entscheiden, ob es wahrscheinlich ist, daß es sich um ein Wunder handelte. Es geht darum festzustellen, ob Mother Seaton etwas damit zu tun hatte. Und das, o ja, das haben sie gemacht. In Rom. Mir ist es nicht gelungen herauszufinden, wie sie das angestellt haben, aber das ist ja die Crux bei der ganzen Sache.

Die Frage ist also, hatte die Besserung irgend etwas mit den Vorgängen in Zusammenhang mit den an Mother Seaton gerichteten Gebeten zu tun? Um eine solche Frage zu beantworten, müßte man alle anderen Fälle auflisten, bei denen Gebete um die Heilung verschiedener Personen in verschiedenen Krankheitsstadien an Mother Seaton gerichtet wurden. Dann müßte man die Genesungsrate dieser Leute mit der durchschnittlichen Heilungsquote bei Patienten vergleichen, für die keine Gebete gesprochen wurden, und so weiter. Das ist eine ehrliche, geradlinige Vorgehensweise, die nichts Unehrenhaftes, Frevlerisches an sich hat, denn falls es sich um ein Wunder handelt, hält es der Überprüfung stand. Wenn es jedoch kein Wunder ist, wird die wissenschaftliche Methode diese Vorstellung zunichte machen.

Die Leute, die Medizin studieren und Menschen zu heilen versuchen, interessieren sich für alle Methoden, die sie aufspüren können. Sie haben klinische Techniken entwickelt, bei denen sie (all diese Probleme sind ungeheuer kompliziert) auch alle möglichen Medikamente ausprobieren. Dem Mädchen geht es jetzt besser. Kurz zuvor hatte es Windpocken gehabt. Besteht da irgendeinen Zusammenhang? Man kennt also ein bestimmtes klinisches Verfahren, um zu untersuchen, was etwas damit zu tun gehabt haben könnte – indem man Vergleiche anstellt und so weiter. Das Problem besteht nicht darin zu entscheiden, ob etwas Überraschendes geschehen ist. Vielmehr geht es darum, diesen Effekt richtig zu nutzen, um festzulegen, was man als nächstes tun soll. Denn wenn sich herausstellt, das

Ganze hat etwas mit den Gebeten an Mother Seaton zu tun, dann wäre es der Mühe wert, sie zu exhumieren – was auch getan wurde –, die Gebeine zu nehmen und viele Bänder an den Knochen zu reiben, um sekundäre Hilfsmittel zu haben, die man dann auch an anderen Betten festbindet.

Nun möchte ich mich einer anderen Art Grundprinzip oder Idee zuwenden, nämlich, daß es keinen Sinn hat, die Wahrscheinlichkeit oder Chancen zu berechnen, daß etwas passiert, nachdem es geschehen ist. Viele Wissenschaftler sind sich dieses Problems nicht einmal bewußt. Das erste Mal stritt ich mich als graduierter Student in Princeton darüber: Im Fachbereich Psychologie gab es einen Typ, der Rattenrennen veranstaltete. Das heißt, er hat so ein T-förmiges Ding, und dann rennen die Ratten los und biegen nach rechts oder nach links und so weiter. Nun richten Psychologen es im allgemeinen bei derlei Versuchen so ein, daß die Wahrscheinlichkeit, daß das, was passiert, zufällig geschieht, sehr gering ist, genau genommen weniger als eins zu zwanzig. Das bedeutet, nur eines von zwanzig der von ihnen aufgestellten Gesetze ist wahrscheinlich falsch. Doch statistische Berechnungsmethoden der jeweiligen Wahrscheinlichkeit, etwa Münzen zu werfen, falls die Ratten willkürlich mal nach rechts, mal nach links rennen, sind leicht auszuarbeiten. Dieser Mensch hatte eine Versuchsanordnung entworfen, die irgend etwas beweisen sollte, an das ich mich nicht mehr erinnern kann, falls die Ratten, sagen wir mal, immer nach rechts liefen. So genau weiß ich das nicht mehr. Er mußte eine Menge Versuche durchführen, da sie natürlich rein zufällig nach rechts biegen konnten; um also die Wahrscheinlichkeit auf eins zu zwanzig zu reduzieren, waren zahlreiche Versuche notwendig. Das war zwar mühsam, aber er machte sie alle. Doch dann stellte er fest, es funktionierte nicht. Sie liefen nach rechts, sie liefen nach links und so weiter. Dann fiel ihm, wirklich höchst bemerkenswert, auf, sie wechselten ab, zuerst rechts, dann links, dann wieder rechts, dann wieder links. Er kam zu mir gerannt und bat mich: »Berechne mir die Wahrscheinlichkeit, daß sie abwechselnd in die beiden verschiedenen Richtungen rennen, damit ich sehe, ob sie geringer als eins zu zwanzig ist.« Ich erklärte: »Wahrscheinlich ist sie geringer als eins zu zwanzig, aber das ist ohne Bedeutung.« – »Warum?« wollte er wissen. »Weil es keinen Sinn ergibt, derlei zu berechnen, nachdem es geschehen ist. Versteh doch, du hast diese Besonderheit festgestellt, also hast du dir den Sonderfall ausgesucht.«

Beispielsweise habe ich heute abend etwas wahrhaft Bemerkenswertes erlebt. Auf meinem Weg hierher habe ich das Nummernschild ANZ 912 gesehen. Und jetzt berechnen Sie bitte die Wahrscheinlichkeit, daß ich von allen Nummernschildern im Staat Washington zufällig das mit ANZ 912 sehe. Stimmt, das ist albern. Auf die gleiche Weise muß er folgendes machen: Die Tatsache, daß die Ratten abwechselnd in die eine und dann in die andere Richtung rennen, läßt auf die Möglichkeit schließen, daß Ratten abwechseln. Wenn er diese Hypothese überpüfen will, und zwar mit der Wahrscheinlichkeit eins zu zwanzig, kann er das nicht ausgehend von den gleichen Daten machen, die ihm den Hinweis darauf gegeben haben. Er muß ein anderes Expriment durchführen, ganz von Anfang an, um zu sehen, ob sie tatsächlich abwechseln. Das hat er gemacht, und es hat nicht funktioniert.

Viele Leute glauben aufgrund von Anekdoten, bei denen es immer um einen Einzelfall, nie um eine Vielzahl von Fällen geht, an bestimmte Dinge. Es gibt Geschichten über verschiedenartigste Einwirkungen. Dinge, die Leuten zugestoßen sind, und alle erinnern sich daran und fragen: Was für eine Erklärung haben Sie dafür? Ich kann mich ebenfalls an bestimmte Vorkommnisse in meinem Leben erinnern. Und liefere Ihnen zwei Beispiele für wahrhaft bemerkenswerte Erlebnisse.

Das erste fiel in die Zeit, als ich am M.I.T.* einer Studentenverbindung angehörte und im oberen Stockwerk eine Arbeit über irgendein philosophisches Thema tippte. Ich war völlig vertieft, dachte an nichts anderes als an das Thema, als mich plötzlich auf ungeheuer geheimnisvolle Weise der Gedanke durchzuckte: Meine Großmutter ist gestorben. Ich übertreibe jetzt natürlich ein bißchen; das muß man bei solchen Geschichten. In Wirklichkeit dachte ich nur etwa eine Minute flüchtig daran. Es war kein überwältigendes Gefühl oder so, ich übertreibe ein wenig. Das ist wichtig. Unmittelbar danach läutete im Erdgeschoß das Telefon. Daran erinnere ich mich ganz genau, und zwar aus einem Grund, den ich Ihnen gleich nenne. Jemand ging

* M.I.T. = Massachusetts Institute of Technology
  [Anm. d. Ü.]

ans Telefon und brüllte dann: »Hey, Pete!« Ich heiße aber nicht Peter. Es war für jemand anderen. Meine Großmutter erfreute sich bester Gesundheit, es war also nichts dran an der ganzen Sache. Wir müssen jetzt folgendes machen: eine große Anzahl solcher Fälle zusammentragen, um die wenigen Fälle zu widerlegen, in denen derlei möglicherweise tatsächlich passiert. Es hätte geschehen können. Es hätte der Fall eintreten können. Ausgeschlossen ist es nicht, und von da an hätte ich wohl an das Wunder glauben sollen, daß ich aufgrund von etwas, das in meinem Kopf vorgeht, genau sagen kann, ob meine Großmutter im Sterben liegt. Noch etwas haben diese Anekdoten an sich: Nie werden die genauen Umstände beschrieben. Und aus diesem Grund berichte ich Ihnen noch von einem weiteren, traurigeren Vorfall.

Im Alter von dreizehn, vierzehn Jahren lernte ich ein Mädchen kennen, das ich sehr lieb hatte, und wir brauchten ungefähr dreizehn Jahre, bis wir schließlich heirateten. Nicht meine jetzige Frau, wie Sie sehen werden. Sie bekam Tuberkulose und litt mehrere Jahre daran. Als die Krankheit ausbrach, schenkte ich ihr eine ganz besondere Uhr mit schönen großen Ziffern, die sich drehten, keine mit einem normalen Ziffernblatt, und die mochte sie sehr. Ich gab sie ihr an dem Tag, als sie krank wurde, und vier, fünf, sechs Jahre lang stand die Uhr neben ihrem Bett, während sie immer kränker wurde. Schließlich starb sie. Und zwar um 9.22 abends. Die Uhr blieb an diesem Abend um 9.22 stehen, und ich konnte sie nicht mehr in Gang setzen. Glücklicherweise fiel mir einiges auf, das zu der Geschichte gehört, und das muß ich Ihnen erzählen. Nach fünf Jahren wurde die Uhr sozusagen etwas schwach in den Knien. Gelegentlich mußte ich sie reparieren; die Rädchen und Schräubchen waren also locker. Und außerdem nahm die Krankenschwester, die die genaue Uhrzeit auf dem Totenschein eintragen mußte, die Uhr und drehte sie, weil es in dem Raum ziemlich düster war, ein bißchen herum, um die Ziffern besser sehen zu können; dann stellte sie sie wieder hin. Hätte ich das nicht bemerkt, wäre ich wiederum in Schwierigkeiten geraten. Man muß also bei allen diesen Anekdoten sehr mißtrauisch sein und sich genau an die jeweiligen Umstände erinnern. Auch solche, die einem nicht aufgefallen sind, könnten die Erklärung für das Geheimnis liefern.

Kurz gesagt, wenn derlei ein- oder zweimal passiert, beweist das noch gar nichts. Es muß alles genauestens überprüft werden. Ansonsten werden Sie einer dieser Menschen, die alle möglichen verrückten Sachen glauben und die Welt nicht verstehen, in der sie leben. Niemand von uns versteht diese Welt, aber einige Leute sind ein bißchen besser dran als andere.

Die nächste Technik hat etwas mit Stichprobenerhebung zu tun. Ich habe diese Vorstellung kurz angedeutet, als ich erklärte, daß man versucht hat, das Ganze so hinzukriegen, daß die Chancen eins zu zwanzig standen. Das ganze Thema Stichprobenerhebung hat etwas mit Mathematik zu tun, daher werde ich nicht näher auf die Einzelheiten eingehen. Die zugrundeliegende Idee ist irgendwie einleuchtend: Wenn Sie wissen wollen, wie viele Leute größer als ein Meter achtzig sind, dann suchen Sie einfach willkürlich Leute aus und stellen möglicherweise fest, ungefähr vierzig von ihnen sind größer als ein Meter achtzig. Jetzt nehmen Sie vielleicht an, jeder Mensch sei so groß. Klingt ziemlich albern. Na ja, ist es auch, und ist es doch wieder nicht. Wenn Sie die hundert Leute aussuchen, indem Sie beobachten, welche durch eine niedrige Tür kommen, dann stimmt irgendwas nicht. Suchen Sie die hundert unter Ihren Freunden aus, dann kommt ebenfalls etwas Falsches heraus, da sie alle in ein und derselben Gegend wohnen. Wenn Sie sie jedoch auf eine Art und Weise auswählen, die, soweit man das abschätzen kann, in keinerlei Zusammenhang mit ihrer Größe steht, dann werden Sie feststellen: Wenn unter hundert vierzig größer als ein Meter achtzig sind, dann sind es unter hundert Millionen mehr oder weniger vierzig Millionen. Wieviel mehr oder weniger, das kann man ziemlich genau ausrechnen. Es stellt sich heraus, wenn man bis auf ein Prozent genau sein will, braucht man 10000 Stichproben. Den Leuten ist gar nicht klar, wie schwierig es ist, einen hohen Grad an Genauigkeit zu erzielen. Für nur ein, zwei Prozent braucht man 10000 Versuche.

Die Leute, die untersuchen, welche Wirkung Werbung im Fernsehen hat, benutzen diese Methode. Nein – sie glauben, sich dieser Technik zu bedienen. Derlei durchzuführen ist äußerst schwierig, und am schwierigsten ist die Auswahl der Stichproben. Wie schaffen sie es, irgendeinen Mann von der Straße dazu zu bringen, so ein Gerät bei sich zu Hause zu installieren, mit dessen Hilfe er sich erinnern kann, welche Fernsehprogramme er sich ansieht. Und woher wollen sie wissen, was für eine Art Mensch so ein Durchschnittsmensch ist, der einwilligt, gegen ein bestimmtes Entgelt Buch zu führen, oder wie genau er darüber Buch führt, was er sich alle Viertelstunden anhören muß, wenn eine Glocke schrillt. Daher haben wir auch nicht das Recht, von den 1000 oder 10 000 Leuten, die so etwas machen, denn mehr sind es nicht, auf alle anderen zu schließen, aber genau das tun diejenigen, die untersuchen, was der Durchschnittsbürger sich ansieht; es besteht also kein Zweifel, die Stichprobe ist falsch. Die ganze Sache mit der Statistik ist wohlbekannt, und das Problem, eine gute Stichprobe auszuwählen, ist ein sehr schwieriges Problem; das wissen alle – es ist eine wissenschaftliche Angelegenheit. Außer wenn man sich nicht daran hält. Die Schlußfolgerung all dieser Markt- und Meinungsforscher lautet, alle Menschen der Welt seien entsetzlich dumm, und die einzige Möglichkeit, ihnen irgend etwas beizubringen, bestehe darin, fortwährend ihre Intelligenz zu beleidigen. Diese Schlußfolgerung könnte sogar richtig sein. Andererseits könnte sie auch falsch sein. Und wenn sie falsch ist, machen wir einen fürchterlichen Fehler. Daher bedarf es eines ausgeprägten Verantwortungsgefühls, um klarzustellen, wie man untersucht, ob die Leute auf bestimmte Arten von Werbung achten oder nicht.

Wie gesagt, ich kenne eine Menge Leute. Ganz normale Leute. Und ich finde, ihre Intelligenz wird beleidigt. Ich meine, es gibt da ja alles mögliche. Sie schalten das Radio an; wenn Sie ein einigermaßen empfindsames Gemüt haben, drehen Sie durch. Es gibt Leute, die haben eine Technik entwickelt – ich beherrsche sie immer noch nicht –, einfach nicht hinzuhören. Ich weiß nicht, wie das geht. Um mich auf diesen Vortrag vorzubereiten, habe ich, als ich nach Hause gekommen bin, drei Minuten lang das Radio angedreht und zweierlei gehört.

Zuerst, gleich nachdem ich eingeschaltet hatte, indianische Musik – Indianer aus New Mexico, Navajos. Das habe ich wiedererkannt. Ich hatte sie in Gallup gehört, und ich war begeistert. Ihren Kriegsgesang werde ich jetzt nicht nachmachen, obwohl ich Lust dazu hätte. Die Versuchung ist groß. Er ist sehr interessant und tief in ihrer Religion verwurzelt, etwas, vor dem sie große Achtung haben. Ich wollte wahrheitsgemäß erzählen, wie ich mich gefreut habe festzustellen, im Radio kam etwas Interessantes. Etwas Kulturelles. Wir müssen also ganz ehrlich sein. Wir müßten berichten, wenn man drei Minuten lang einschaltet, hört man so etwas. Ich habe dann weiter zugehört. Allerdings muß ich zugeben, ein kleines bißchen habe ich jetzt geschwindelt. Ich habe weiter zugehört, weil es mir gefallen hat; es war gut. Dann hat es aufgehört. Ein Mann hat gesagt: »Wir befinden uns auf dem Kriegspfad gegen Autounfälle.« Und hat weitergeredet und erklärt, wir müßten bei Autounfällen vorsichtig sein. Das ist keine Beleidigung der Intelligenz – es ist eine Beleidigung der Navajo-Indianer, ihrer Religion und ihrer Ideen. Ich habe also weiter zugehört, bis ich gehört habe, es gibt da irgendein Getränk, ich glaube, es heißt Pepsi-Cola, für Leute, die jung denken. Also habe ich gesagt: In Ordnung, jetzt reicht's. Das muß ich mir erst mal durch den Kopf gehen lassen. Erstens ist die ganze Vorstellung aberwitzig. Was ist eine Person, die jung denkt? Ich vermute, jemand, der gerne Sachen macht, die junge Leute mit Vorliebe tun. In Ordnung, sollen sie ruhig so denken. Dann ist es das richtige Getränk für diese Leute. Ich schätze, die Leute in der Forschungsabteilung des Getränkeunternehmens haben auf folgende Weise beschlossen, wieviel Limone sie hineinmischen sollen: »Also, wir haben da ein Getränk gehabt, das nur ein ganz gewöhnlicher Drink war, aber das müssen wir umstellen, nicht für gewöhnliche Leute, sondern für ganz besondere, für solche, die jung denken. Mehr Zucker.« Schon allein die Vorstellung, ein Drink könne speziell für Leute gedacht sein, die jung denken, ist völlig absurd.

Die Folge all dessen ist, wir, unsere Intelligenz, werden fortwährend beleidigt. Ich habe eine Idee, was man dagegen unternehmen könnte. Die Leute entwickeln alle möglichen Pläne, und die F. T. C.* versucht, da etwas Ordnung hineinzubringen. Mein Plan ist ganz einfach. Angenommen, Sie mieten einen Monat lang sechsundzwanzig Reklametafeln in Greater Seattle, achtzehn davon beleuchtet. Und auf diese malen Sie folgendes: »Hat man Ihre Intelligenz beleidigt? Dann kaufen Sie dieses Produkt nicht mehr.« Und dann mieten Sie Sendezeit für ein paar Spots im Fernsehen oder im Radio. Mitten in irgendeinem Programm taucht plötzlich ein Mann auf und sagt: »Entschuldigen Sie,

* Federal Trade Commission = Ausschuß zur Bekämpfung unlauteren Wettbewerbs [Anm. d. Übers.]

tut mir leid, daß ich Sie störe, aber wenn Sie der Meinung sind, daß irgendeiner von den Werbespots, die Sie hören, Ihre Intelligenz beleidigt oder Sie in irgendeiner Weise stört, würden wir Ihnen raten, das entsprechende Produkt nicht zu kaufen«, und die Dinge würden sehr schnell wieder in Ordnung kommen. Vielen Dank.

Also, wenn irgend jemand Geld übrig hat, mit dem er um sich werfen will, dann rate ich ihm dies als Experiment, um etwas über die Intelligenz des durchschnittlichen Fernsehzuschauers herauszubekommen. Es ist eine interessante Frage und ein schnelles, abgekürztes Verfahren, um herauszufinden, wie intelligent sie sind. Aber vielleicht ein bißchen teuer.

Vielleicht sagen Sie jetzt: »Das ist nicht so wichtig. Die Werbeleute müssen ihre Ware an den Mann bringen« und so weiter und so fort. Andererseits ist die Ansicht, der durchschnittliche Mann auf der Straße sei dumm, eine sehr gefährliche Idee. Selbst wenn es stimmt, sollte man nicht so damit umgehen, wie man dies tut.

Viele Zeitungsreporter und -kommentatoren halten die Öffentlichkeit für dümmer, als sie ist, und glauben, sie könne Dinge, die sie [die Reporter und Kommentatoren] nicht begreifen, ebensowenig verstehen. Das ist lächerlich. Ich will damit nicht sagen, sie seien dümmer als der Durchschnitt, aber sie sind dümmer als andere Leute. Was mache ich also, wenn ich einem Reporter etwas Wissenschaftliches erklären soll und er mich fragt: Worauf läuft das Ganze hinaus? Na schön, dann erkläre ich ihm das in ganz einfachen Worten, so wie ich es meinem Nachbarn erklären würde. Er versteht es nicht, das ist durchaus möglich, weil er ganz anders großgezogen wurde – er kann keine Waschmaschinen reparieren, er weiß nicht, was ein Motor ist und so. Mit anderen Worten, er hat keine technische Erfahrung. Es gibt eine Menge Ingenieure auf der Welt. Und es gibt viele Leute, die sich für Technik interessieren. Viele kennen sich beispielsweise in Naturwissenschaften besser aus als der Reporter. Daher ist es seine Pflicht, das Ganze zu berichten, ob er es nun kapiert hat oder nicht, und zwar genau so, wie man es ihm geschildert hat. Das gleiche gilt für die Wirtschaft und andere Bereiche. Die Reporter wissen ganz genau, sie verstehen die komplizierten Regeln des internationalen Handels nicht, aber sie berichten mehr oder weniger genau das, was man ihnen sagt. Sobald es jedoch um Wissenschaft geht, klopfen Sie mir, aus welchen Gründen auch immer, freundlich auf die Schulter und versuchen, mich für blöd zu verkaufen, indem sie mir erklären, die Leute würden das nicht verstehen. Und das nur, weil sie, diese Dummköpfe, es nicht kapieren. Ich *weiß* aber, bestimmte Leute verstehen es sehr wohl. Nicht jeder, der die Zeitung liest, braucht jeden einzelnen Artikel zu verstehen, der abgedruckt ist. Manche Leute interessieren sich nicht für Wissenschaft. Andere schon. Zumindest könnten sie auf diese Weise herausfinden, was das alles bedeutete, anstatt darüber aufgeklärt zu werden, man habe ein atomares Teilchen verwendet, das aus einer Maschine abgefeuert worden sei, die sieben Tonnen wiege. Ich kann diese Artikel in der Zeitung einfach nicht lesen. Ich weiß nicht, was das bedeuten soll, was da drinsteht. Nur weil sie sieben Tonnen wiegt, ist mir noch lange nicht klar, um was für eine Art Maschine es sich handelt. Man kennt mittlerweile zweiundsechzig Teilchenarten, und ich würde ganz gerne wissen, von welchem er spricht.

Die ganze Sache mit statistischen Stichprobenerhebungen und der Bestimmung der Eigenschaften von Leuten mittels dieser Methode ist, aufs Ganze gesehen, eine sehr ernstzunehmende Angelegenheit. Sie findet allmählich die ihr gebührende Anerkennung, doch sie wird viel zu oft eingesetzt. Wir sollten allerdings äußerst sorgsam damit umgehen. Man bedient sich ihrer, um Stellen zu besetzen – indem man die Leute Prüfungen ablegen läßt –, bei der Eheberatung und derlei Dingen. Man verwendet sie, um zu bestimmen, welche Leute aufs College dürfen, und zwar auf eine Weise, die mir ganz und gar nicht behagt, aber darauf will ich hier nicht näher eingehen. Meine Meinung dazu werde ich den Leuten vortragen, die bestimmen, wer ins Caltech* aufgenommen wird. Und anschließend werde ich noch mal hierherkommen und Ihnen davon berichten.

Doch das Ganze ist, ganz abgesehen von den Schwierigkeiten bei der Stichprobenerhebung, vor allem in einer Hinsicht sehr bedenklich. Es läßt sich nämlich eine gewisse Tendenz erkennen, nur das als Kriterium heranzuziehen, was man messen kann. Der Verstand eines Menschen, die Art, wie er empfindet, sind jedoch möglicherweise nur schwer zu messen. Zwar gibt es eine gegenläufige Strömung, persönliche Gespräche zu

* Caltech = California Institute of Technology
 [Anm. d. Übers.]

führen und damit die Ergebnisse des anderen Verfahrens zurechtzubiegen. Je öfter das gemacht wird, desto besser. Aber es ist einfacher, noch mehr Prüfungen abzuhalten und keine Zeit auf solche Einstellungsgespräche zu verschwenden. Das Ergebnis ist, nur die Dinge, die gemessen werden können – genauer gesagt, von denen sie glauben, sie messen zu können –, zählen, und eine Menge guter Eigenschaften fällt unter den Tisch, eine Menge fähiger Leute wird gar nicht erst in Betracht gezogen. Es ist also eine gefährliche Angelegenheit, die sehr sorgfältig überprüft werden muß.

Solche Dinge wie Fragen, die die Ehe betreffen: »Wie kommen Sie mit Ihrem Mann aus?« und so weiter, die man in Zeitschriften findet, sind barer Unsinn. Sie werden in etwa so angepriesen: »Dieser Test wurde bei tausend Paaren durchgeführt.« Und dann erfahren Sie, was die geantwortet haben, und Sie vergleichen es mit dem, was Sie geantwortet haben, und dann wissen Sie, ob Sie glücklich verheiratet sind. Man macht folgendes. Man stellt eine Reihe Fragen zusammen, etwa: »Servieren Sie ihm das Frühstück ans Bett?« und so weiter und so fort. Und dann legen sie diesen Fragebogen tausend Leuten vor. Und unabhängig davon versuchen sie herauszufinden, ob diese glücklich verheiratet sind, etwa indem sie sie direkt danach fragen oder dergleichen. Aber denken Sie sich nichts. Es spielt überhaupt keine Rolle, ob der Test perfekt ist. Die Schwierigkeit liegt anderswo. Denn dann macht man folgendes. Sie sehen sich alle die an, die glücklich sind – wie haben sie hinsichtlich des Frühstücks, das man dem anderen ans Bett bringt, geantwortet, wie haben sie dieses, wie haben sie jenes beantwortet? Sie sehen, das ist genauso wie bei dem Rattenrennen, mal rechts, mal links. Sie haben die Wahrscheinlichkeit in Begriffen des einen Tests festgelegt. In Wirklichkeit müßten sie, um das Ganze aussagekräftig zu machen, denn gleichen Test hernehmen, den sie sich ausgedacht haben und für den sie die jeweiligen Punktzahlen festgelegt haben. Sie haben beschlossen, dafür bekommt man fünf Punkte, dafür zehn, und zwar auf eine Art und Weise, daß die tausend, bei denen sie den Test angewandt haben, wunderbare Punktzahlen erreichen, wenn sie glücklich sind, und miserable Ergebnisse erzielen, wenn sie es nicht sind. Doch jetzt kommt die Gegenprobe. Dabei können sie sich nicht auf die Leute beziehen, bei deren Befragung sie die Punktzahl festgelegt haben. Das geht nach hinten los. Sie müssen den Test unabhängig davon bei tausend anderen Personen durchführen, um zu sehen, ob die glücklichen die höchsten Punktzahlen erreichen. Das machen sie aber nicht, a) weil es zu aufwendig ist, und b) weil sich bei den paar Malen, die sie es probiert haben, herausgestellt hat, der Test taugt nichts.

Wenn wir uns ansehen, was für Schwierigkeiten wir mit all den unwissenschaftlichen und seltsamen Dingen auf dieser Welt haben, finden wir darunter zahlreiche, die man nicht mit irgendwelchen Verständnisschwierigkeiten in Verbindung bringen kann, sondern die einfach auf einem Mangel an Information beruhen. Besonders gilt dies für Leute, die an Astrologie glauben; ich schätze, wir haben hier eine ganze Reihe davon. Astrologen behaupten, es gäbe Tage, die sich besser dafür eigneten, zum Zahnarzt zu gehen, als andere. Es gäbe Tage, an denen es günstiger sei zu fliegen, und zwar dann, wenn Sie an dem und dem Tag um so und soviel Uhr geboren wurden. Und das alles wird nach genau ausgearbeiteten Regeln entsprechend der Konstellation der Sterne berechnet. Wenn es zuträfe, wäre es recht interessant. Den Versicherungsleuten läge bestimmt viel daran, die Versicherungsprämien für Leute zu ändern, falls sie sich an die astrologischen Vorschriften halten, denn sie hätten ja eine größere Überlebenschance, wenn sie sich in ein Flugzeug setzen. Allerdings wurde von den Astrologen nie überprüft, ob Leute, die an einem Tag fliegen, an dem sie das besser nicht tun sollten, schlechter dran sind. Die Frage, ob es ein guter oder ein schlechter Tag für Geschäftsabschlüsse ist, hat man nie untersucht. Was soll man also davon halten?

Vielleicht ist es trotzdem wahr, mag ja sein. Andererseits gibt es überwältigend viele Hinweise darauf, daß es nicht stimmt. Denn wir wissen eine Menge darüber, wie die Dinge funktionieren, wie Menschen beschaffen sind, wie die Welt beschaffen ist, was es mit den Sternen und Planeten auf sich hat, die wir sehen, wir wissen mehr oder weniger, warum sie ihre Bahn ziehen und wo sie sich im Verlauf der kommenden 2000 Jahre befinden werden. All das ist uns sehr wohl bekannt. Man braucht nicht zum Himmel hinaufzuschauen, um zu sehen, wo all das ist. Darüber hinaus werden Sie, wenn Sie sich die verschiedenen Astrologen genauer ansehen, feststellen, daß sie durchaus nicht einer Meinung sind. Was also tun? Nicht daran glauben. Es gibt keinerlei Beweis dafür. Ist reiner Unsinn. An derlei kann man einzig und allein dann glauben, wenn man keine Ahnung von den Sternen und der Welt und allem anderen hat. Falls ein solches Phänomen existierte, wäre es angesichts all der anderen Phänomene wahrhaft bemerkenswert, aber es hat überhaupt keinen Sinn, diesen Astrologen auch nur zuzuhören, solange niemand Ihnen beweist, daß das stimmt, und zwar anhand eines echten Experiments, mit einer wirklich hieb- und stichfesten Untersuchung, bei der er Leute befragt, die daran glauben, und solche, die dies nicht tun, und so weiter.

Übrigens wurden Tests dieser Art gemacht, als die Naturwissenschaft noch in den Kinderschuhen steckte. Das ist sogar ziemlich interessant. Ich habe herausgefunden, in der Frühzeit, etwa als man den Sauerstoff und so weiter entdeckte, versuchten Leute auf diese experimentelle Weise beispielsweise festzustellen, ob Missionare – das klingt albern, aber nur, weil man immer noch Angst davor hat, das zu überprüfen –, ob also gute Menschen wie Missionare, die beten und so weiter, eine größere Chance haben als andere, bei einem Schiffbruch nicht zu den Opfern zu zählen. Als daher die Missionare in ferne Länder segelten, überprüfte man bei Schiffbrüchen, ob für Missionare die Wahrscheinlichkeit, daß sie ertranken, geringer war als für andere Leute. Es stellte sich heraus, es gab keinen Unterschied. Viele glauben also, daß dies keine Rolle spielt.

Wenn Sie in Kalifornien das Radio einschalten, können Sie alle möglichen Gesundbeter hören – wie es hier oben ist, weiß ich nicht; wahrscheinlich nicht viel anders. Im Fernsehen habe ich sie auch schon erlebt. Das ist noch eines dieser Dinge, bei denen ich es allmählich leid bin zu erklären, warum sie schlichtweg lachhaft sind. Es gibt tatsächlich eine ganze, durchaus respektable Religion, wie man so schön sagt; sie nennt sich Christian Science und beruht auf der Idee des Gesundbetens. Entsprächen ihre Behauptungen der Wahrheit, dann ließen sie sich beweisen, und zwar nicht nur durch die Geschichten einiger weniger Leute, sondern anhand genauer Überprüfungen mittels erprobter klinischer Methoden, die man bei allen anderen Verfahren zur Heilung von Krankheiten einsetzt. Wenn Sie an Gesundbeten glauben, dann vermeiden Sie es möglichst, anderswo Heilung zu suchen. Möglicherweise dauert es etwas länger, bis Sie einen Arzt aufsuchen. Einige Leute glauben so bedingungslos daran, daß sie erst sehr spät zum Arzt gehen. Möglicherweise ist das Gesundbeten also doch nicht so gut. Möglicherweise – sicher können wir uns da nicht sein. Und deshalb ist es genausogut möglich, daß es in gewisser Hinsicht gefährlich ist, daran zu glauben. Das ist keine Belanglosigkeit, nicht wie Astrologie, wo das keine besonders große Rolle spielt; sie ist nur unpraktisch für Leute, die daran glauben, weil sie an bestimmten Tagen bestimmte Dinge tun müssen. Es könnte sein, und genau das würde ich gerne wissen – es sollte untersucht werden; alle haben ein Recht darauf, es zu wissen –, ob der Glaube an die Heilkräfte Christi mehr Leuten geschadet oder geholfen hat; ob derlei mehr Gutes als Schlechtes anrichtet. Beides ist möglich. Man sollte das nicht Leuten überlassen, die ohne eine genaue Untersuchung des Ganzen daran glauben.

Im Radio hört man nicht nur Gesundbeter, sondern auch Prediger, die anhand der Bibel bestimmte Ereignisse vorhersagen. Ich habe einmal fasziniert einem Mann zugehört, der im Traum Gott einen Besuch abstattete und von ihm alle möglichen Informationen für seine Gemeinde empfing und so weiter. Na ja, unser unwissenschaftliches Zeitalter ... Aber was ich von diesem speziellen Fall halten soll, weiß ich einfach nicht. Ich weiß nicht, mit Hilfe welcher Argumentation sich zeigen läßt, daß es verrückt ist. Ich glaube, das Ganze beruht einfach auf einem allgemeinen Mangel an Verständnis dafür, wie kompliziert und wie ausgeklügelt diese unsere Welt ist und wie unwahrscheinlich es wäre, daß derlei funktioniert. Doch natürlich kann ich es ohne genaue Überprüfung nicht widerlegen. Eine Möglichkeit wäre vielleicht, diese Leute jedesmal zu fragen, woher sie denn wissen, daß das stimmt, und nie zu vergessen, daß sie falschliegen. Es genügt eigentlich, das im Sinn zu behalten, denn es kann Sie davor bewahren, viel Geld aufs Spiel zu setzen.

Natürlich gibt es auch eine Reihe von Phänomenen, gegen die man nichts ausrichten kann, weil sie einfach das Ergebnis allgemeiner Dummheit sind. Wir alle machen dumme Sachen, einige mehr als andere, aber es hat keinen Zweck zu untersuchen, wer die meisten Dummheiten macht. Es gibt Versuche, die Leute durch Verfügungen seitens der Regierung vor solchen Dummheiten zu bewahren, aber das funktioniert nicht hundertprozentig.

Beispielsweise bin ich in eine Wüstengegend gefahren, um dort ein Stück Land zu kaufen. Verstehen Sie,

Agenten verkaufen da Grundstücke – eine neue Stadt soll gebaut werden. Das ist aufregend. Wunderbar. Sie müssen einfach hin. Stellen Sie sich einmal vor, Sie stehen mitten in einer solch öden Gegend, in der es nichts gibt; nur hier und dort stecken ein paar Markierungsfähnchen im Boden, auf denen Nummern und Straßennamen stehen. Sie fahren also mit dem Auto durch die Wüste und suchen die vierte Straße und so, um zu Parzelle Nummer 369 zu gelangen; das ist Ihre, glauben Sie zumindest. Und dann stehen Sie da, scharren mit den Füßen im Sand und diskutieren mit dem Verkäufer, warum es vorteilhaft wäre, ein Eckgrundstück zu haben, und daß man eine Auffahrt braucht, weil man von dieser Seite aus leichter bis vor die Haustür fahren kann. Noch schlimmer, plötzlich fangen Sie, ob Sie das nun glauben oder nicht, an, über den Yachtclub zu diskutieren, der am Meer liegen soll, welche Bedingungen man erfüllen muß, um Mitglied zu werden, und wie viele Freunde Sie mitbringen dürfen. Ich schwöre es, ich habe mich in eine solche Situation hineingesteigert.

Wenn es dann also an der Zeit ist, das Grundstück zu kaufen, stellt sich heraus, der Staat hat Ihnen zu helfen versucht. Man hat eine Beschreibung dieses speziellen Vorhabens verfaßt, und der Mann, der das Land verkauft, sagt, das Gesetz verlange das, wir müssen Ihnen das geben, damit Sie es lesen. Er gibt es Ihnen also, und Sie lesen es, und da steht, es sei genauso wie bei vielen anderen Grundstücksgeschäften, die im Staat Kalifornien abgewickelt werden, und so weiter und so fort. Unter anderem habe ich da gelesen, obwohl die Leute sagen, sie möchten auf diesem Gelände fünfzigtausend

Leute ansiedeln, ist nicht einmal genügend Wasser für eine weit kleinere Anzahl von Leuten da, eine Zahl, die ich lieber nicht nenne, um nicht wegen übler Nachrede verklagt zu werden, jedenfalls eine wesentlich geringere Zahl – genau kann ich mich nicht mehr daran erinnern –, es war so in der Gegend um die fünftausend. Natürlich hatten sie bemerkt, daß das in der Broschüre stand, und so erzählten sie uns, man hätte gerade woanders Wasser gefunden, weit weg, sie würden es aber hierherpumpen. Und als ich mich danach erkundigte, erklärten sie mir äußerst zurückhaltend, das hätte man eben erst entdeckt und sie hätten keine Zeit mehr gehabt, das in die staatliche Broschüre aufnehmen zu lassen. Hmmmmm.

Ich nenne Ihnen noch ein weiteres Beispiel der gleichen Art. Ich war in Atlantic City und bin in einen dieser – na ja, es war so eine Art Laden – gegangen. Es gab jede Menge Sitzplätze, und Leute saßen da und hörten einem Mann zu. Einem wirklich äußerst interessanten Mann. Er wußte alles über Essen, redete über Ernährung und alles mögliche. Ich kann mich an einige gewichtige Aussagen erinnern, etwa: »Nicht einmal Würmer würden weißes Mehl fressen.« So in der Art. Es war gut. Interessant. Und wahr – vielleicht stimmte das mit den Würmern nicht so ganz, aber ansonsten ging es um wichtige Dinge wie Proteine und so. Und dann redete er weiter und beschrieb den Federal Pure Food and Drug Act* und erklärte, inwiefern er die

* Eine Art Reinheitsgebot für Nahrungs- und Genußmittel [Anm. d. Übers.]

Menschen schützt: Bei jedem Nahrungsmittel, das angeblich gut und gesund ist und das Sie mit Mineralien und diesem und jenem versorgt, muß ein Etikett auf der Packung oder Flasche angebracht sein, das genau aufzählt, was darin enthalten ist, welche Wirkungen es hat, und all das muß verständlich sein und so weiter. Er erklärte das in allen Einzelheiten. Ich habe zu mir selber gesagt: »Wie soll dieser Mensch auf die Weise je zu Geld kommen?« Und schon hatte er eine Flasche in der Hand. Schließlich stellt sich heraus, er verkauft ein ganz besonderes Bionahrungsmittel, natürlich in einer bräunlichen Flasche. Und wie es so geht, er ist gerade erst eingetroffen und war in Eile, hatte also keine Zeit mehr, die Etiketten aufzukleben. Hier sind also die Etiketten, die zu den Flaschen gehören, und hier sind die Flaschen, und er will sie möglichst schnell verkaufen, also gibt er den Leuten die Flaschen; das Etikett soll man selber draufkleben. Der Mann hatte Mut. Zuerst erklärte er, was man tun, worüber man sich Sorgen machen sollte, und dann macht er so etwas.

Ich bin auf einen anderen Vortrag gestoßen, der in etwa dem entspricht. Es war der zweite Vortrag der Danz-Reihe, und ich habe ihn selber gehalten. Zu Beginn habe ich darauf hingewiesen, daß bestimmte Dinge völlig unwissenschaftlich sind, daß bestimmte Dinge ungewiß sind, vor allem in politischen Angelegenheiten, und daß die beiden Völker Rußland und die Vereinigten Staaten sich uneins sind. Und mittels irgendeines mystischen Hokuspokus kam schließlich heraus, daß wir die Guten und sie die Bösen sind. Und dennoch war es zu Beginn völlig unmöglich zu entscheiden, welche die Besseren sind. Genau genommen, war dies sogar der springende Punkt des ganzen Vortrags. Mit irgendeinem Zaubertrick habe ich aus einer Ungewißheit eine Art relative Gewißheit gemacht. Ich habe Ihnen die Geschichte mit den Flaschen und den Etiketten erzählt, und schließlich bin ich mit einer Flasche dagestanden, auf der ein Etikett klebte. Wie habe ich das geschafft? Darüber müssen Sie sich ein Weilchen den Kopf zerbrechen. Einer Sache können wir natürlich sicher sein, sobald wir uns nicht sicher sind, nämlich, daß wir uns nicht sicher sind. Vielleicht sagt jetzt einer von Ihnen: »Nein, ich bin mir sicher.« Ehrlich gesagt, der Trick bei diesem Vortrag, der schwache Punkt bei der ganzen Angelegenheit, die man weiterverfolgen und untersuchen muß, ist folgender: Ich habe ein leidenschaftliches Plädoyer für die Idee gehalten, daß es gut sei, sich einen Weg ins Freie offenzuhalten, daß Ungewißheit etwas wert ist, daß es wichtiger ist, neue Dinge zu entdecken, als uns für eine Lösung zu entscheiden, die wir uns hier und jetzt ausdenken – daß die Entscheidung für eine Lösung, egal, wie wir sie jetzt treffen, weit schlechter ist als das, zu dem wir kommen, wenn wir warten und das Ganze durchdenken. Und genau da habe ich meine Wahl getroffen, aber ich bin mir meiner Entscheidung nicht sicher. In Ordnung. Jetzt habe ich Autorität untergraben.

Mit diesen Problemen mangelnder Informiertheit und einigem anderem, aber vor allem mit mangelnder Informiertheit hängt eine Reihe von Phänomenen zusammen, die, glaube ich, schwerwiegender sind als Astrologie.

Als ich mich auf den heutigen Vortrag vorbereitete, sah ich mir etwas in unserer Stadt, im Einkaufszentrum, ein wenig genauer an: einen Laden mit einer Fahne an der Fassade. Es ist das Altadena Americanism Center. Ich ging also in dieses »Zentrum für Amerikanismus«, um herauszufinden, worum es sich dabei eigentlich handelt. Es ist eine Freiwilligenorganisation. Und an der Fassade hängen Plakate mit der Verfassung und dem Bill of Rights* und so weiter, außerdem ein Zettel, auf dem ihre Ziele erklärt werden: die Einhaltung der Rechte und so weiter, all das in Übereinstimmung mit der Verfassung und dem Bill of Rights und so. Das ist die Grundidee. Sie wollen einfach erzieherisch wirken und verkaufen Bücher zu verschiedenen Themen, in denen den Leuten die Grundideen der Bürgerrechte und derlei erkärt werden. Unter anderem gibt es auch Protokolle von Kongreßsitzungen, Druckschriften über Untersuchungsausschüsse des Kongresses, so daß Leute, die sich für diese Themen interessieren, sich darüber informieren können. Außerdem gibt es Arbeitsgruppen, die sich an den Abenden treffen. Da ich mich für Bürgerrechte interessiere, aber nicht besonders viel darüber weiß, habe ich nach einem Buch über das Wahlrecht der Neger in den Südstaaten gefragt. Sie hatten nichts in der Art. Doch, hatten sie schon, zwei Sachen, die ich rein zufällig bemerkte. Das eine handelte davon, was laut den Stadtvätern von Oxford in Mississippi vorgeht, das andere war eine kleine Broschüre mit dem Titel »The

---

* Die 1791 in Kraft getretenen zehn ersten Zusatzartikel zur Verfassung von 1787 [Anm. d. Übers.]

National Association for the Advancement of Colored People and Communism«.*

Ich unterhielt mich also ziemlich lange mit der Dame, um herauszufinden, worauf das alles hinauslief; wir redeten über vielerlei, und zwar, Sie werden überrascht sein, recht freundlich, und unter anderem erklärte sie, zwar sei sie nicht Mitglied der Birch Society**, aber es gäbe doch einiges, das für diese Vereinigung spräche; sie habe einen Film darüber gesehen und so weiter, und es sei doch was dran. Wenn man der Birch Society angehöre, sei man kein unparteiischer Neutralist mehr, sondern wisse zumindest, wofür man sei. Denn man brauche nicht beizutreten, wenn man nicht wolle, und genau das habe Mr. Welch gesagt, und so sei eben die Birch Society. Wenn man daran glaube, werde man Mitglied, und wenn nicht, dann solle man es bleiben lassen. Klingt fast wie bei der Kommunistischen Partei. Das ist alles gut und schön, solange sie keine Macht haben. Doch wenn sie Einfluß gewinnen, sieht die Sache ganz anders aus. Ich habe versucht, ihr zu erklären, dies sei nicht die Art Freiheit, von der doch die Rede sei, und in jeder Organisation sollte es die Möglichkeit geben, über die Probleme zu diskutieren. Daß Unparteiischkeit eine Kunst sei, eine schwierige Kunst, und daß es wichtig sei, unparteiisch zu sein, besser, als

* »Die bundesweite Vereinigung zur Förderung Farbiger und des Kommunismus« [Anm. d. Übers.]
** Geheime, ultrakonservative Gesellschaft, die 1958 von Robert Henry Welch gegründet wurde und deren Ziel die Bekämpfung der angeblichen Verschwörung des Weltkommunismus ist.

Hals über Kopf in die eine oder die andere Richtung zu rennen. Ist es nicht besser, etwas zu unternehmen, als sich in den Winkel der Neutralität zu verkriechen? Ist es eben nicht, wenn man nicht sicher ist, in welche Richtung man gehen soll. Dann nicht.

Ich habe dort also ein paar Sachen gekauft, einfach aufs Geratewohl, was sie so dahatten. Eine der Broschüren hatte den Titel »The Dan Smoot Report« – ein guter Name; es geht darin um die Verfassung und um eine Grundidee, die ich umreißen will: Die Verfassung sei so, wie sie damals niedergeschrieben worden ist, in Ordnung. Alle späteren Änderungen seien nichts weiter als Irrtümer. Fundamentalisten also, zwar nicht hinsichtlich der Bibel, sondern was die Verfassung betrifft. Und dann geht es weiter, mit Beurteilungen, wie die Kongreßabgeordneten abgestimmt haben. Nach einer Erklärung ihrer Ziele stand da ganz klipp und klar: »Im folgenden die Beurteilung der Kongreßabgeordneten und Senatoren in Hinblick darauf, ob sie in Übereinstimmung mit der Verfassung stimmen oder dagegen verstoßen.« Wohlgemerkt, diese Bewertungen bringen nicht nur eine Meinung zum Ausdruck, sondern gründen auf Tatsachen. Sie basieren auf den Abstimmungsprotokollen. Tatsachen also. Nichts von wegen Meinung. Es handelt sich um eine Abstimmungsstatistik, und natürlich heißt es bei jedem Punkt, ob das mit der Verfassung vereinbar ist oder nicht. Selbstverständlich. Medicare* ist verfassungswidrig und

---

* Regierungsprogramm zur Gesundheitsfürsorge, besonders für Bürger über 65 [Anm. d. Übers.]

so weiter. Ich habe zu erklären versucht, daß sie gegen ihre eigenen Prinzipien verstoßen. Laut Verfassung soll abgestimmt werden. Es soll nicht von vorneherein bei jedem Tagesordnungspunkt automatisch feststehen, was richtig und was falsch ist. Ansonsten hätte man sich nicht die Mühe gemacht, sich diese ganze Abstimmungsprozedur im Senat auszudenken. Solange abgestimmt wird, ist der Zweck der Abstimmung, sich eine Meinung zu bilden, wo es langgehen soll. Und niemand kann aufgrund von Tatsachen von vorneherein festlegen, wie die jeweilige Situation aussieht. Das ist ein Widerspruch in sich.

Wie es anfängt, ist ja ganz in Ordnung: mit dem Guten, der Liebe und Christus und so weiter, aber dann bauscht es sich zur Angst vor einem Feind auf. Und darüber gerät die ursprüngliche Idee in Vergessenheit. Alles wird auf den Kopf gestellt und verkehrt sich in sein genaues Gegenteil. Ich glaube, Leute, die derlei in Gang setzen, besonders die Damen in Altadena, die da freiwillig mitmachen, haben ein gutes Herz und so eine Ahnung, daß das gut ist, die Verfassung und so, aber sie werden durch die Eigengesetzlichkeit dieses Systems irregeführt. Ich komme nicht so recht dahinter, wie das vor sich geht, und ich weiß auch nicht genau, was man tun könnte, um sie davon abzuhalten.

Ich habe mich noch näher darauf eingelassen und herausgefunden, um was es bei den Arbeitsgruppen geht; wenn es Ihnen nichts ausmacht, erzähle ich Ihnen das. Sie haben mir irgendwelche Unterlagen gegeben. In dem Raum stand eine Menge Stühle, verstehen Sie, und man sagte mir, ja, an dem Abend finde eine Arbeitsgruppe statt, und dann gaben sie mir so eine Art Beschreibung, mit was sie sich befassen wollten. Und davon habe ich mir ein paar Notizen gemacht. Es hatte etwas mit S.P.X.R.A. zu tun. Die S.P.X. Forschungsgemeinschaft – das ist, wie sich herausstellte … na ja, ich sage Ihnen schon noch, was das ist – wurde 1943 auf Anregung von Nachrichtenoffizieren gegründet, die damals aktiv im Dienst der Streitkräfte der Vereinigten Staaten standen; es ging um die Wiederbelebung eines lange nicht mehr genutzten zehnten Prinzips der Kriegsführung durch die Sowjets. Lahmlegung. Das Böse sehen. Das schlummert. Geheimnisvoll ist. Und erschreckend. Diese Mystiker der militärischen Orden hatten immer solche Prinzipien der Kriegsführung, seit der Zeit der römischen Legionen. Nummer eins. Nummer zwei. Nummer drei. Das ist also Nummer zehn. Was Nummer sieben ist, brauchen wir nicht zu wissen. Die Grundidee des Ganzen, es gebe irgendwelche Grundsätze der Kriegsführung, die lange brachliegen, und noch viel mehr die Vorstellung eines zehnten Prinzips der Kriegsführung, das alles ist absurd. Und was soll dieses Prinzip der Lahmlegung eigentlich bedeuten? Wie wollen sie es nutzen? Man hat jetzt einen Buhmann aufgebaut. Und wie setzen sie den ein? Folgendermaßen: Dieses spezielle Ausbildungsprogramm beschäftigt sich mit allen Bereichen, in denen mittels eines von der Sowjetunion ausgeübten Drucks der amerikanische Wille, dem Kommunismus zu widerstehen, gelähmt wird. Die Landwirtschaft, die Künste und der kulturelle Austausch. Wissenschaft, Bildung, Nachrichtenmedien, Finanzwesen, Wirtschaft, Regierung,

Arbeitsmarkt, Justiz, der medizinische Bereich, die Streitkräfte und die Religion, der sensibelste aller Bereiche. Mit anderen Worten, wir verfügen jetzt über einen eindeutigen Mechanismus, um darauf hinzuweisen, jeder, der etwas sagt, mit dem Sie nicht einverstanden sind, ist durch die mystische Macht des zehnten Prinzips der Kriegsführung gelähmt worden.

Es handelt sich hier um ein der Paranoia analoges Phänomen. Das zehnte Prinzip zu widerlegen ist unmöglich. Das kann man nur, wenn man ein gewisses Augenmaß, ein bestimmtes Weltverständnis hat, um zu sehen, die Annahme, das Oberste Bundesgericht – das sich als »Instrument zur Eroberung der Welt« erweist – sei lahmgelegt worden, ist schlicht unverhältnismäßig. Alles ist paralysiert. Sie sehen, wie furchterregend dies wird, diese schreckliche, eingebildete Macht, die durch ein Beispiel ihres Wirkens nach dem anderen unter Beweis gestellt wird.

So sieht in etwa eine Paranoia aus. Eine Frau wird unruhig. Sie argwöhnt, ihr Mann versuche, ihr Schwierigkeiten zu machen. Sie läßt ihn nicht mehr ins Haus. Daß er versucht hineinzukommen, beweist, er will ihr Böses. Er holt einen Freund, damit der mit ihr redet. Sie weiß, es ist ein Freund, und ihr Verstand, der nur mehr in einer Richtung fixiert ist, sagt ihr, dies ist nur ein weiterer Grund für die schreckliche Angst und Furcht, die sich in ihr immer mehr aufschaukeln. Ihre Nachbarn kommen und beruhigen sie; das hilft eine Zeitlang. Eine Weile geht es gut. Sie gehen wieder nach Hause. Der Freund des Ehemanns kommt zu ihnen zu Besuch. Die anderen sind jetzt alle voreingenommen, und sie werden ihrem Mann erzählen, was für schreckliche Dinge sie gesagt hat. Herrje, was hat sie eigentlich gesagt? Jedenfalls wird er es gegen sie einsetzen können. Sie ruft bei der Polizei an und erklärt: »Ich habe Angst.« Jetzt sperrt sie sich im Haus ein. Und erklärt: »Ich habe Angst.« Jemand versuche, ins Haus einzudringen. Sie kommen, sie versuchen, mit ihr zu reden, sie sehen, kein Mensch versucht, in das Haus einzudringen. Sie müssen wieder abziehen. Jetzt erinnert sie sich, ihr Mann ist eine wichtige Persönlichkeit in der Stadt. Und er hat einen Freund, der bei der Polizei ist. Die Polizei ist also an der Verschwörung beteiligt. Das beweist das Ganze erneut. Sie schaut aus dem Fenster und sieht, wie Leute beim Haus eines Nachbarn stehenbleiben. Worüber reden die? Im Garten hinter dem Haus sieht sie, wie über der Hecke etwas auftaucht. Die beobachten sie durch ein Fernrohr! Später stellt sich heraus, es waren ein paar Kinder, die mit einem Stecken gespielt haben. Und das Ganze bauscht sich unablässig weiter auf, bis alle Einwohner daran beteiligt sind. Der Rechtsanwalt, den sie angerufen hat, ist, das fällt ihr jetzt ein, ein Freund ihres Mannes. Der Arzt, der versucht hat, sie ins Krankenhaus einzuliefern, steht offensichtlich auf der Seite des Ehemannes.

Der einzige Ausweg ist es, sich einen Sinn für die Proportionen zu bewahren, einzusehen, es ist unmöglich, daß die ganze Stadt gegen sie ist, daß alle auf ihren Mann hören, der ein Dummkopf ist, daß alle lauter solche Sachen machen, immer mehr. Alle Nachbarn, alle sind gegen sie. Das alles steht nicht mehr im richtigen Verhältnis zueinander. Weiter nichts. Aber wie erklärt man das jemandem, dem der Sinn für Verhältnismäßigkeit abhanden gekommen ist?

Und so verhält es sich auch mit diesen Leuten. Sie haben kein Gespür mehr für Verhältnismäßigkeit. Und deshalb glauben sie an eine derartige Möglichkeit, daß die Sowjetunion das zehnte Prinzip der Kriegsführung in die Tat umsetze. Die einzige Art und Weise, sie mit ihren eigenen Waffen zu schlagen, ist, glaube ich, ihnen zu sagen: Sie haben recht. Und wie bei meinem Freund mit der Flasche und dem Etikett gilt, die Sowjets sind in der Tat ungeheuer erfindungsreich und raffiniert. Sie verraten uns sogar, was sie uns antun. Verstehen Sie, diese Leute, diese Forschungsbeauftragten, sind in Wirklichkeit von den Sowjets angeheuert worden, die sich dieser Methode der Lahmlegung bedienen. Sie wollen nämlich, daß wir in jeglicher Hinsicht das Vertrauen in das Oberste Bundesgericht, in das Landwirtschaftsministerium, den Glauben an die Wissenschaftler und all die Leute, die uns irgendwie helfen, und so weiter verlieren; also haben sie diese freiheitliche Bewegung unterwandert, die eigentlich jeder wollte, diese Sache mit all den Fahnen und der Verfassung, irgendwie haben sie sich da eingeschlichen und werden sie schließlich lahmlegen. Beweisen Sie ihnen das! Mit ihren eigenen Worten. Die S.P.X.R.A. hat sich unter Eid als die führende amerikanische Autorität hinsichtlich dieses zehnten Prinzips bekannt. Und woher haben sie diese Information bekommen? Da gibt es nur eine Möglichkeit: aus der Sowjetunion.

Diese Paranoia, dieses Phänomen – ich sollte es eigentlich nicht Paranoia nennen, ich bin kein Arzt, ich weiß es nicht –, jedenfalls, dieses Phänomen ist erschreckend, und es hat viel Unheil über die Menschheit wie auch Einzelpersonen gebracht.

Ein weiteres Beispiel für derlei sind die berüchtigten Protokolle der Weisen von Zion – eine Fälschung. Angeblich handelte es sich um die Aufzeichnungen von einem Treffen alter Juden und zionistischer Führer, die zusammengekommen waren, um eine Verschwörung zur Beherrschung der Welt auszuhecken. Internationale Banker – international, Sie verstehen schon … eine großartige, wunderbare Maschinerie! Nur unverhältnismäßig. Doch so unverhältnismäßig war es auch wieder nicht, daß die Leute es nicht geglaubt hätten; es stellte sogar eine der Haupttriebkräfte für die zunehmende Verbreitung des Antisemitismus dar.

Was ich in vielerlei Hinsicht fordere, ist äußerste Ehrlichkeit. Ich finde, wir sollten in politischen Angelegenheiten ehrlicher sein. Denn ich glaube, auf diese Weise würden wir freier.

Ich möchte darauf hinweisen, daß die Leute nicht ehrlich sind. Auch Wissenschaftler sind alles andere als ehrlich. Es ist zwecklos. Kein Mensch ist ehrlich. Zwar glauben die Leute meistens, Wissenschaftler seien ehrlich, aber das stimmt nicht. Und das macht die ganze Sache noch schlimmer. Unter ehrlich verstehe ich nicht, daß man immer nur die Wahrheit sagt. Sondern daß man die Situation umfassend klarmacht. Alle Informationen liefert, die jemand braucht, der intelligent genug ist, um sich selber eine Meinung zu bilden.

Zum Beispiel weiß ich, was Atomversuche betrifft, selber nicht, ob ich dafür oder dagegen bin. Beide Seiten haben gute Argumente. Bei solchen Versuchen wird Radioaktivität freigesetzt, und das ist gefährlich, aber ebenso ist es nicht gerade angenehm, Krieg zu haben. Doch ob es wahrscheinlicher oder weniger wahrscheinlich ist, daß es zu einem Krieg kommt, weil man diese Versuche macht, das weiß ich nicht. Ob solche Vorbereitungen oder aber eine Einstellung dieser Vorbereitungen einen Krieg verhindern – ich weiß es nicht. Also versuche ich gar nicht erst zu sagen, ich stehe auf dieser oder der anderen Seite. Deshalb kann ich in diesem Punkt völlig ehrlich sein.

Die große Frage ist natürlich, ob Radioaktivität gefährlich ist. Meiner Meinung nach stellen bei Atomversuchen die etwaigen zukünftigen Auswirkungen die größte Gefahr dar und sind daher die wichtigste Frage. Die Zahl der Todesopfer und die Radioaktivität als Folgen eines Krieges wären um so vieles größer als bei Atomversuchen, daß die Folgen eines Krieges für die Zukunft weit schwerwiegender wären als die unendlich geringe Menge an Radioaktivität, die jetzt freigesetzt wird. Wie unendlich gering ist jedoch diese Menge? Radioaktivität ist etwas Schlechtes. Kein Mensch kennt irgendwelche positiven Folgen allgemeiner Radioaktivität. Wenn also der Gesamtanteil von Radioaktivität in der Luft zunimmt, ist das alles andere als gut. Daher haben Atomversuche, unter diesem Gesichtspunkt betrachtet, nichts Gutes an sich. Wenn Sie Wissenschaftler sind, haben Sie das Recht und auch die Pflicht, diese Tatsache zu betonen.

Andererseits geht es hier um Mengen. Die Frage ist, wieviel ist schädlich? Sie können das mal durchspielen und zeigen: In den kommenden 2000 Jahren werden Sie damit 10 Millionen Leute umbringen. Würde ich vor ein Auto laufen, obwohl ich hoffe, noch ein paar Kinder zu haben, bringe ich, auf 10000 Jahre hochgerechnet, ebenfalls 10000 Leute um, wenn Sie das auf eine bestimmte Weise berechnen. Die Frage ist, wie groß sind die Folgen? Und das letzte Mal ... Ich wünschte, ich hätte – ja, ich hätte natürlich diese Zahlen überprüfen sollen, aber ich will es einmal andersherum formulieren: Wenn Sie das nächste Mal einen Vortrag hören, dann stellen Sie die Fragen, auf die ich Sie hinweise, denn ich habe auch etliche Fragen gestellt, als ich das letzte Mal einen Vortrag gehört habe, und kann mich an die Antworten erinnern. Aber ich habe sie vor meinem Vortrag nicht noch einmal überprüft, also nenne ich keine bestimmten Zahlen. Doch zumindest habe ich die Frage aufgeworfen. Wie hoch ist die Zunahme der Radioaktivität verglichen mit den generellen Schwankungen von Ort zu Ort? Die Hintergrundstrahlung in einem Holzhaus und in einem Ziegelbau ist recht unterschiedlich, denn Holz ist nicht so radioaktiv wie Ziegel.

Als ich damals diese Frage stellte, war der Unterschied hinsichtlich der Auswirkungen geringer als der Unterschied zwischen der Abstrahlung eines Ziegel- und der eines Holzhauses. Und der Unterschied zwischen Meeresspiegelniveau und einem Ort, der in 1500 Metern Höhe liegt, war mindestens hundertmal größer als die zusätzlich durch die Atomversuche freigesetzte Radioaktivität.

Ich behaupte nun also, wenn jemand vollkommen

ehrlich ist und die Bevölkerung vor den Auswirkungen von Radioaktivität schützen will, was unsere Wissenschaftlerfreunde angeblich versuchen, dann sollte er von der höchstmöglichen und nicht von der niedrigsten Zahl ausgehen und betonen, daß die Radioaktivität, der man ausgesetzt ist, wenn man in Denver wohnt, weit stärker ist, nämlich hundertmal größer als die von einer Bombe freigesetzte Hintergrundstrahlung, und daß eigentlich alle Leute, die in Denver leben, in Orte umziehen sollten, die niedriger liegen. In Wirklichkeit ist sie auch dort ziemlich gering und spielt kaum eine Rolle – Sie brauchen jetzt also nicht in Panik zu geraten, falls sie in Denver wohnen. Die Auswirkung ist winzig. Und die Auswirkung der von einer Bombe freigesetzten Strahlung ist noch geringer als der Unterschied zwischen einem niedrig und einem höher gelegenen Ort, glaube ich. Völlig sicher bin ich mir nicht. Ich bitte Sie, diese Frage zu stellen, um eine Vorstellung davon zu bekommen, ob Sie sich davor hüten sollten, in ein Ziegelgebäude zu spazieren, ob Sie darauf genauso sorgsam darauf bedacht sein sollten, wie Sie versuchen, Atomversuche einzig wegen der Radioaktivität zu stoppen. Es mag viele gute politische Gründe geben, auf beiden Seiten. Doch das ist eine andere Frage.

Mit unserer Wissenschaft geraten wir in Situationen, bei denen die Regierung beteiligt ist, und da mangelt es uns in vielerlei Hinsicht an Aufrichtigkeit. Vor allem, was Ehrlichkeit in der Berichterstattung und Beschreibung der Abenteuer beim Flug zu verschiedenen Planeten und sonstigen Raumfahrtunternehmen betrifft. Als

Beispiel können wir die Mariner II-Mission zur Venus nehmen. Es ist ungeheuer aufregend, es ist wunderbar, daß der Mensch in der Lage war, so ein Ding 40 Millionen Meilen weit zu schicken, endlich etwas, das von der Erde kommt, zu einem anderen Planeten zu befördern. Und diesem so nahe zu kommen, daß man einen Blick darauf werfen konnte, der einer Sicht aus 20 000 Meilen Entfernung entsprach. Es fällt mir schwer zu erklären, wie aufregend und wie interessant das ist. Und ich rede schon länger, als ich eigentlich sollte.

Genauso interessant und aufregend ist, was während dieses Unternehmens passierte. Die offenkundigen Pannen. Die Tatsache, daß sie eine Zeitlang alle Instrumente abschalten mußten, weil die Batterien fast leer waren; das hätte das Ende des ganzen Unternehmens bedeuten können. Doch schließlich konnten sie sie wieder einschalten. Dann die Sache, wie die Raumsonde sich aufheizte. Wie ein Gerät nach dem anderen nicht mehr funktionierte und schließlich doch wieder betriebsbereit war. All die Unfälle und die Aufregung bei einem neuen Abenteuer. Als hätte man Kolumbus oder Magellan um die Welt geschickt. Damals hatte es Meutereien und andere Probleme gegeben, es war zu Schiffbrüchen gekommen und all das. Eine aufregende Geschichte. Als sich beispielsweise das Ding erwärmte, stand in der Zeitung: »Die Sonde heizt sich auf, und daraus können wir etwas lernen.« Was können wir daraus lernen? Wenn Sie ein klein wenig Bescheid wissen, ist Ihnen klar, überhaupt nichts kann man daraus lernen. Man schickt Satelliten in eine erdnahe Umlaufbahn, und dann weiß man, wieviel Strahlung man von der Sonne abbekommt ... Und wieviel bekommen sie ab, wenn sie ganz in die Nähe der Venus kommen? Das ist ein eindeutiges, genaues Naturgesetz, allgemein bekannt, nämlich: das umgekehrte Quadrat der Entfernung. Je näher man ihr kommt, desto heller wird das Licht. So einfach ist das. Man kann also ohne weiteres ausrechnen, wieviel Weiß und wieviel Schwarz man braucht, um das Ding so anzumalen, daß die Temperatur sich entsprechend angleicht.

Das einzige, was wir daraus gelernt haben, war die Tatsache, das Ding heizte sich einzig und allein deswegen auf, weil man es in aller Eile und in letzter Minute fertiggestellt und an den Apparaturen in der Sonde noch einiges verändert hatte, so daß sich im Inneren mehr Energie entwickelte und die Temperatur den Punkt überstieg, für den die Sonde angelegt war. Was wir gelernt haben, hatte also nichts mit Wissenschaft zu tun. Wir haben jedoch gelernt, bei derlei Unternehmungen ein wenig sorgsamer vorzugehen, nicht mit solcher Hast, und nicht bis zum letzten Augenblick immer wieder unsere Meinung zu ändern. Fast war es ein Wunder, aber das Ding funktionierte annähernd, als es sein Ziel erreichte. Es sollte bei einigen Überfliegungen einen Blick auf die Venus werfen, wie bei einem Bild auf dem Fernsehschirm: einundzwanzig Durchläufe über den Planeten hinweg. Drei hat es geschafft. Gut. Das war ein Wunder. Eine große Leistung. Kolumbus hatte gesagt, er würde Gold und Gewürze finden. Bei seiner Rückkehr brachte er kein Gold und nur wenig Gewürze mit. Aber es war ein bedeutender, ungeheuer aufregender Augenblick. Mariner sollte großartige, wichtige wissenschaftliche Daten sammeln. Sie brachte keine mit. Ich sag' es Ihnen, sie brachte keine mit. Na gut, ich verbessere mich. Sie brachte praktisch keine neuen Informationen mit. Doch das Ganze war ein herrliches, aufregendes Ereignis. Und in Zukunft werden wir mehr Daten sammeln können. Eines hat Mariner, so die Zeitungen, bei ihrem Überfliegen der Venus herausgefunden, nämlich daß die Temperatur dort unter der Wolkendecke um die 460 Grad Celsius beträgt. Das wußte man bereits. Und man kann es heute, selbst jetzt, bestätigen, indem man sich des Teleskops im Observatorium auf dem Palomar bedient und von der Erde aus Messungen auf der Venus vornimmt. Wirklich intelligent. Man hätte die gleiche Information von der Erde aus bekommen können. Ich habe einen Freund, der sich da auskennt; er hat eine wunderschöne Karte von der Venus in seinem Zimmer hängen, mit Höhenlinien und Kennzeichnungen für heiß und kalt und unterschiedliche Temperaturen in verschiedenen Bereichen. In allen Einzelheiten. Von der Erde aus gemessen. Nicht nur drei kleine, verschwommene Momentaufnahmen. Eine Information brachte das Ganze allerdings – daß die Venus nicht von einem Magnetfeld umgeben ist wie die Erde; das hätte man von hier aus nicht feststellen können.

Mariner brachte auch ungeheuer interessante Daten darüber mit, was in dem Raum dazwischen, auf dem Weg von der Erde zur Venus vorgeht. Darauf sollte man wirklich hinweisen: Wenn man nicht versucht, die Sonde so auszurichten, daß sie auf einen Planeten auftrifft, braucht man keine zusätzlichen Steuerungsmechanismen einzubauen, verstehen Sie, mit gesonderten Raketen, um die Richtung zu korrigieren. Sie schießen die Sonde einfach ins All. Dafür könnte man mehr Instrumente einbauen, bessere, durchdachter konstruierte Instrumente. Außerdem, wenn man wirklich herausfinden will, was in dem Raum dazwischen abläuft, ist es überflüssig, ein solches Getue um einen Flug zur Venus zu machen. Die wichtigsten Informationen waren die über den Raum dazwischen, und wenn wir derlei Daten wollen, dann sollten wir doch bitteschön eine andere Sonde losschicken, die nicht unbedingt zu einem Planeten gelangen muß, mitsamt all den Schwierigkeiten, die sich bei der Anpeilung ergeben.

Das Ranger-Programm ist auch so eine Sache. Mir wird ganz schlecht, wenn ich darüber etwas in der Zeitung lese: eine solche Raumsonde nach der anderen. Und fünf davon funktionieren nicht. Doch wir lernen jedesmal etwas daraus, und dann wird das Programm eingestellt. Wir erfahren sogar ungeheuer viel. Zum Beispiel, jemand hat vergessen, ein Ventil zu schließen, ein anderer hat aus Versehen Sand in einen anderen Teil des Instrumens geraten lassen. Manchmal finden wir etwas heraus, doch meistens nur, daß irgend etwas mit unserer Industrie, mit unseren Ingenieuren und Wissenschaftlern nicht stimmt und daß es für das Fehlschlagen unseres Programms, daß es so oft danebengeht, keine vernünftige und einfache Erklärung gibt. Soweit ich das beurteilen kann, ist ein derart häufiges Versagen nicht nötig. Irgend etwas ist los mit der Organisation, mit der Verwaltung, mit der Technik oder bei der Herstellung dieser Instrumente. Das zu wissen ist wichtig. Daß wir dabei immer etwas dazulernen, braucht man nicht zu wissen.

Übrigens fragen mich immer wieder Leute, warum fliegt man eigentlich zum Mond? Weil es ein großes Abenteuer der Wissenschaft ist. Nebenbei entwickelt sich dabei auch die Technologie weiter. Man muß all die Instrumente anfertigen, die man für einen Flug zum Mond braucht – Raketen und so weiter –, und eine Weiterentwicklung der Technologie ist sehr wichtig. Außerdem freuen die Wissenschaftler sich darüber, und wenn Wissenschaftler zufrieden sind, arbeiten sie vielleicht an etwas anderem, das sich für die Kriegsführung eignet. Eine weitere Möglichkeit ist eine unmittelbar militärische Nutzung des Weltraums. Ich weiß zwar nicht, wie, niemand weiß das, aber vielleicht stellt sich ja heraus, es gibt eine Nutzungsmöglichkeit. Solange wir weiterhin und auf lange Sicht die militärischen Aspekte der Flüge zum Mond weiterentwickeln, können wir jedenfalls verhindern, daß die Russen ihn auf eine Weise militärisch nutzen, die wir uns noch nicht vorstellen können. Außerdem bringt es indirekte militärische Vorteile mit sich. Das heißt, wenn man größere Raketen baut, kann man sie zielgerichteter nutzen und sie von hier aus zu einem anderen Teil der Erde und nicht unbedingt zum Mond abfeuern. Ein weiterer guter Grund hat etwas mit Propaganda zu tun. Wir haben in den Augen der Welt ein wenig an Gesicht verloren, denn wir haben zugelassen, daß die anderen einen Vorsprung in der Technologie erzielten. Sein Ansehen wiederherstellen zu können ist immer gut. Allerdings ist kein einziger dieser Gründe es, nur für sich genommen, der Mühe wert und kann nicht erklären, warum wir zum Mond fliegen. Ich glaube jedoch, wenn man sie alle und auch die, die mir jetzt nicht einfallen, zusammennimmt, dann ist es sehr wohl der Mühe wert.

Na schön, das wär's.

Ich möchte gerne noch über etwas anderes sprechen, und zwar darüber, wie wir auf neue Ideen kommen. Das ist jetzt hauptsächlich zum Vergnügen der Studenten hier gedacht. Wie kommt man auf neue Ideen? Meistens mittels Analogien, aber wenn man mit Analogien arbeitet, irrt man sich oft ganz gewaltig. Es ist ein herrlicher Spaß, sich die Vergangenheit, ein unwissenschaftliches Zeitalter anzusehen, sich dort etwas herauszugreifen und zu sagen, das gleiche existiert heute noch, wo finden wir es also? Mir würde es Spaß machen, das einmal durchzuspielen. Nehmen wir als erstes Medizinmänner. Der Medizinmann behauptet, er könne Kranke heilen. In dem Patienten trieben Geister ihr Unwesen, die versuchten, aus dem Körper freizukommen. Man müsse sie mit Hife eines Eis herausblasen und so weiter. Eine Schlangenhaut überstreifen und Chinin aus der Rinde eines Baumes essen. Das Chinin wirkt. Er weiß nicht, daß seine Theorie darüber, was dabei vor sich geht, falsch ist. Wenn ich zu diesem Stamm gehöre und krank bin, gehe ich zum Medizinmann. Er weiß besser über derlei Bescheid als alle anderen. Doch ich versuche unablässig, ihm zu erklären, er wisse gar nicht, was er da tue, und eines Tages, wenn die Leute die ganze Sache unvoreingenommen untersuchen und sich von all diesen komplizierten Ideen befreien würden, könnten sie viel bessere Methoden entwickeln. Wer sind diese Medizinmänner? Die Psychoanalytiker und Psychiater natürlich. Wenn Sie sich all die komplizierten Vorstellungen ansehen, die sie in ungeheuer kurzer Zeit entwickelt haben – verglichen damit, wie lange es in allen anderen Wissenschaften dauert, auf eine Idee nach der anderen zu kommen –, wenn Sie bedenken, wie viele Denkkonstruktionen und Erfindungen und komplizierte Dinge, das Es und das Ego, die Spannungen und Triebkräfte, welches Ziehen und Zerren es da gibt, dann sage ich Ihnen eines: Das kann gar nicht alles da sein. Soviel kann sich ein einziges Gehirn oder ein paar Gehirne in einer derart kurzen Zeit nicht ausgedacht haben. Allerdings möchte ich Sie noch einmal daran erinnern, wenn Sie zu dem Stamm gehören, gibt es niemand anderen, zu dem Sie gehen könnten.

Und jetzt etwas noch Erheiternderes, speziell für die Studenten dieser Universität. Ich habe mir unter anderem über die arabischen Gelehrten im Mittelalter Gedanken gemacht. Sie haben selber ein wenig Wissenschaft betrieben, o ja, aber hauptsächlich haben sie Kommentare über die großen Männer vor ihnen geschrieben. Sie haben Kommentare zu Kommentaren verfaßt. Sie haben beschrieben, was einer über den anderen geschrieben hatte. Unablässig produzierten sie solche Kommentare. Kommentare zu schreiben ist eine Art Krankheit des Intellekts. Tradition ist sehr wichtig. Aber die Freiheit, neue Ideen zu entwickeln, sich neue Möglichkeiten zu eröffnen, wird einzig aus dem Grund außer acht gelassen, weil die Art, wie es war, besser ist als alles, was ich zuwege bringe. Ich habe nicht das Recht, daran zu rütteln oder irgend etwas zu erfinden oder mir irgend etwas auszudenken. Na schön, das sind Ihre Englischprofessoren. Sie sind von Tradition durchtränkt. Und sie schreiben Kommentare. Natürlich bringen sie uns, einigen von uns, auch Englisch bei. Und ab dem Punkt trägt die Analogie nicht mehr.

Wenn wir sie trotzdem weiterführen, sehen wir, wenn sie eine aufgeklärtere Weltsicht hätten, gäbe es eine Menge interessanter Probleme. Etwa wie viele Wortarten es gibt. Sollen wir noch eine dazuerfinden? Ooooohhhh!

Na schön, und wie sieht es mit dem Wortschatz aus? Haben wir zu viele Wörter? O nein. Wir brauchen sie, um Ideen auszudrücken. Haben wir zu wenig Wörter? Nein. Durch irgendeinen Zufall – natürlich – haben wir im Lauf der Zeit genau die richtige Menge und Kombination von Wörtern entwickelt.

Mit der nächsten Frage gehe ich noch eine Stufe weiter nach unten. Es geht darum, daß Sie ständig die Frage hören: »Warum kann Johnny nicht richtig lesen?« Die Antwort lautet: wegen der Orthographie, dem Unterschied in der Schreib- und Sprechweise. Vor 2000, nein, mehr, vor 3000, 4000 Jahren, irgendwo so in der Gegend, waren die Phönizier in der Lage, aus ihrer Sprache eine Methode abzuleiten, um die Laute mit Hilfe von Symbolen zu beschreiben. Das war ganz einfach. Jedem Laut war ein entsprechendes Symbol zugeordnet und jedem Symbol der dazugehörige Laut. Wenn man also wußte, welche Laute zu welchen Symbolen gehörten, wußte man, wie die Worte klingen

sollten. Eine wunderbare Erfindung. Und im Lauf
der Zeit ist einiges passiert, und in der englischen Sprache sind die Dinge irgendwie durcheinandergeraten.
Warum können wir nicht die Orthographie ändern?
Und wer sollte dies tun, wenn nicht die Englischprofessoren? Wenn die Englischprofessoren sich bei mir
beklagen, daß die Studenten, die an die Universität
kommen, immer noch nicht *»friend«* buchstabieren
können, sage ich zu ihnen, irgend etwas stimmt nicht
mit der Art und Weise, wie *»friend«* buchstabiert wird.

Dann argumentieren sie vielleicht, dies sei eine
Frage des Stils und der Schönheit der Sprache, und die
Erfindung neuer Wörter und Wortarten könnte beides
zerstören. Doch sie können nicht allen Ernstes behaupten, eine andere Schreibung der Wörter hätte irgend
etwas mit dem Stil zu tun. Es gibt keine Kunst- oder li-
terarische Form, mit Ausnahme von Kreuzworträtseln,
bei der die Orthographie auch nur die geringste Rolle
spielt. Und selbst Kreuzworträtsel mit einer anderen
Schreibweise der Wörter könnte man sich ausdenken.
Und wenn die Englischprofessoren das nicht machen,
und wenn wir ihnen drei Jahre geben und nichts passiert – und sie mögen bitte keine drei Möglichkeiten
erfinden, wie man das angehen könnte, nur eine, an die
sich dann jeder gewöhnen kann –, wenn wir also zwei
oder drei Jahre warten, und es passiert nichts, dann bit-
ten wir eben die Philologen und Linguisten und so weiter, denn die wissen, wie man derlei macht. Haben Sie
eigentlich gewußt, daß die jede Sprache mit Hilfe nur
eines Alphabets schreiben können, bei dem man liest,
wie das Ganze in einer anderen Sprache klingt? Das ist

doch was. Sie sollten also eigentlich in der Lage sein, das zumindest für Englisch hinzukriegen.

Noch eine Sache würde ich ihnen überlassen. Dies alles zeigt natürlich, ein Argumentieren mittels Analogien birgt große Gefahren in sich. Und auf die sollte man hinweisen. Ich habe jetzt nicht mehr die Zeit dazu, deshalb überlasse ich es Ihren Englischprofessoren, die möglichen Fehler beim Denken in Analogien herauszustreichen.

Es gibt allerdings etliches Positive, bei dem ein wissenschaftliches Vorgehen, um zu irgendwelchen Schlußfolgerungen zu gelangen, funktioniert, Dinge, bei denen man beachtliche Fortschritte erzielt hat; ich habe jedoch bis jetzt nur negative Beispiele angeführt. Sie sollen aber wissen, ich bin mir durchaus bewußt, daß es auch Positives gibt. (Und mir ist auch klar, daß ich schon viel zu lange rede, also erwähne ich sie nur. Doch das Ganze ist aus den Fugen geraten, und jetzt stimmen die Poproportionen nicht mehr: Ich wollte eigentlich mehr Zeit darauf verwenden.) Es gibt eine Reihe von Dingen, an denen rational denkende Leute angestrengt arbeiten und sich dabei Methoden bedienen, die recht vernünftig sind. Und trotzdem nimmt niemand von ihnen Notiz, noch nicht.

Beispielsweise haben Leute sich bestimmte Verkehrssysteme ausgedacht und Pläne entworfen,wie der Verkehr in anderen Städten funktionieren könnte. Die polizeiliche Aufklärungsarbeit hat ein ziemlich hohes Niveau, was das Aufspüren von Hinweisen und deren richtige Beurteilung angeht, wie man dabei seine Gefühle unter Kontrolle behält und so weiter.

Allerdings sollten wir nicht nur an die technischen Erfindungen denken, wenn wir uns Gedanken über die Fortschritte der Menschheit machen. Es gibt eine ungeheure Anzahl ungemein wichtiger nicht-technischer Erfindungen, die man nicht außer acht lassen sollte. Zum Beispiel im wirtschaftlichen Bereich das Scheckwesen und die Banken, Dinge dieser Art. Internationale Finanzabmachungen und so weiter sind wunderbare Erfindungen. Sie sind fraglos von großer Bedeutung und stellen einen großen Fortschritt dar. Verschiedene Formen der Buchführung beispielsweise. Betriebsbuchhaltung ist ein wissenschaftlicher Vorgang – ich meine, vielleicht nicht gerade wissenschaftlich, aber zumindest etwas sehr Rationales. Allmählich hat sich ein System von Gesetzen und Jurys und Richtern entwickelt. Und obwohl es natürlich zahlreiche Fehler und Mängel hat und wir weiterhin daran arbeiten müssen, bewundere ich es sehr.

Und auch die Weiterentwicklung der Regierungsorganisationen im Lauf der Jahre. In bestimmten Ländern wurden zahlreiche Probleme mittels Methoden gelöst, die wir manchmal verstehen, manchmal auch nicht. Ich denke dabei vor allem an etwas Bestimmtes, weil es mich beunruhigt. Und zwar hängt das damit zusammen, daß im Grunde genommen jede Regierung sich dem Problem gegenübersieht, das Militär unter Kontrolle zu halten. Meistens hat es Ärger gegeben, weil eine starke Armee versuchte, die Regierung zu übernehmen. Eigentlich ist es doch wunderbar, finden Sie nicht, daß jemand ohne Macht jemand anderen kontrollieren kann, der über sehr viel Macht verfügt.

Daher schienen die Schwierigkeiten mit der Prätorianergarde im Römischen Reich unlösbar, denn sie hatten mehr Macht als der Senat. In unserem Land herrscht jedoch eine Art Disziplin des Militärs, und sie versuchen nicht, unmittelbar Einfluß auf den Senat zu nehmen. Die Leute lachen über die Offiziere. Machen sich über sie lustig. Egal, wieviel wir ihnen zumuten, wir Zivilisten waren immer noch in das Lage, das Militär unter Kontrolle zu halten! Ich glaube, die Selbstdisziplin des Militärs, daß sie wissen, welcher Platz ihnen innerhalb der Regierung der Vereinigten Staaten zukommt, ist eine der großen Traditionen und etwas ungeheuer Wertvolles; ich finde auch, wir sollten nicht so lange auf ihnen herumhacken, bis ihnen die Geduld reißt und sie aus ihrer selbstauferlegten Disziplin ausbrechen. Mißverstehen Sie mich bitte nicht. Selbst das Militär hat eine Reihe Fehler, genau wie alles andere auch.

Was die Zukunft betrifft, sollte ich über die künftige Weiterentwicklung der Technik und die Möglichkeiten sprechen, die sich uns eröffnen, sobald wir bei kontrollierten Fusionen erzeugte Energie, die dann fast kostenlos ist, nutzen können. Und in naher Zukunft werden uns die Neuentdeckungen in der Biologie vor Probleme stellen, wie man sie bislang nicht kannte. Die rasanten Entwicklungen auf dem Gebiet der Biologie werden alle möglichen, ungeheuer aufregenden Fragen aufwerfen. Ich habe nicht genügend Zeit, näher auf sie einzugehen, daher verweise ich sie nur auf Aldous Huxleys Buch *Schöne Neue Welt*, das ahnen läßt, mit welcher Art von Schwierigkeiten die zukünftige Biologie sich wohl herumschlagen muß.

In einer Hinsicht blicke ich optimistisch in die Zukunft. Ich glaube, eine Menge Dinge entwickeln sich in die richtige Richtung. Erstens die Tatsache, daß es so viele Nationen gibt, die dank der modernen Kommunikationsmittel einander hören, selbst wenn sie versuchen, ihre Ohren zu verschließen. Auf diese Weise kommen viele verschiedene Meinungen in Umlauf, und der Nettogewinn dessen ist, daß es schwerfällt, irgendwelche Ideen fernzuhalten. Einige der Schwierigkeiten, die die Russen mit der Unterdrückung von Leuten wie Nekrassow haben, sind genau von der Art, wie sie, so hoffe ich, weiter zunehmen werden.

Ein weiterer Punkt, auf den ich kurz ein wenig detaillierter eingehen möchte, ist folgender: Das Problem moralischer Werte und ethischer Einstellungen ist ein Bereich, der, wie ich bereits erwähnte, für die Wissenschaft unzugänglich bleibt und für den mir keine angemessenen Formulierungen einfallen. Allerdings sehe ich eine Möglichkeit. Vielleicht gibt es noch mehr, aber ich kann mir nur eine vorstellen. Verstehen Sie, wir brauchen eine Art Mechanismus, irgend so etwas wie den Trick, dessen wir uns bedienen, um etwas zu beobachten und es zu glauben, ein Schema, anhand dessen man sich für bestimmte moralische Werte entscheidet. Zur Zeit Galileis gab es großartige Ansichten, woran es liegen könnte, daß ein Körper nach unten fällt, alle möglichen Vorstellungen hinsichtlich des Mediums und der Kräfte, die dies bewirken, und so weiter. Galilei irgnorierte all das und stellte einfach fest, ob etwas fiel und wie schnell es fiel. Und das beschrieb er dann, mehr nicht. Dagegen konnte keiner etwas sagen. Man sollte in dieser Richtung weitermachen und das untersuchen, worüber alle sich einigen können, und die Mechanismen und zugrundeliegenden Theorien so lange wie möglich nicht zur Kenntnis nehmen. Allmählich gelangt man dann vielleicht, wenn man immer mehr Erfahrungen sammelt, zu anderen, befriedigenderen Theorien, was all dem zugrunde liegen könnte. In der Frühzeit der Wissenschaft entbrannten beispielsweise schreckliche Streitigkeiten über das Licht. Newton führte Experimente durch, mit denen er zeigte, daß ein von einem Prisma zerlegter und gestreuter Lichtstrahl nie ein zweites Mal gebrochen werden kann. Warum geriet er dann überhaupt mit Hooke in Streit? Wegen der damals gängigen Theorien darüber, was Licht ist und so weiter. Er stritt nicht mit ihm, ob das Phänomen zutreffend war. Hooke nahm ein Prisma und sah, es stimmte.

Die Frage ist also, ob es möglich ist, bei moralischen Fragen auf analoge Weise vorzugehen (und mit Analogien zu arbeiten). Ich glaube, es ist nicht ganz unmöglich, daß es zu einer Einigung hinsichtlich der jeweiligen Folgen, des Nettoergebnisses kommt, wenn auch möglicherweise nicht in bezug auf die Gründe, warum wir das tun, was wir tun sollten. Beispielsweise entbrannte in frühchristlicher Zeit ein Streit, ob Jesus seinem Vater wesensähnlich oder wesensgleich sei. Ins Griechische übersetzt, wuchs sich das dann zu dem Streit zwischen den Anhängern der Homoiusie (Wesensähnlichkeit) und der Homousie (Wesensidentität) aus. Lachen Sie ruhig, die Menschen fühlten sich damals dadurch angegriffen. Das Ansehen von Leuten wurde zerstört, Leute wurden getötet, und all das wegen eines Streits, ob Gott und Jesus wesensidentisch oder wesensgleich sind. Wir sollten daraus eine Lehre ziehen und nicht darüber streiten, *warum* wir einer Meinung sind, wenn wir uns einig sind.

Daher halte ich die Enzyklika von Papst Johannes XXIII., die ich gelesen habe, für eine der bemerkenswertesten Entwicklungen unserer Zeit und für einen großen Schritt in die Zukunft. Ich kann mir keine bessere Formulierung meiner Ansichten zur Ethik, zu den Verpflichtungen und Veranwortlichkeiten der Menschheit, eines Menschen allen anderen gegenüber, vorstellen. Mit einigen der Mechanismen, die einem Teil dieser Ideen zugrunde liegen, stimme ich nicht überein, beispielsweise glaube ich nicht, daß sie unmittelbar gottgegeben oder die natürliche und vollkommen logische Folge der Vorstellungen früherer Päpste sind. Dem kann ich nicht zustimmen, aber ich mache mich nicht darüber lustig, und ich streite auch nicht dagegen. Ich bin der gleichen Ansicht, was die Verantwortlichkeiten und die Pflichten betrifft, die der Papst als die aller Menschen beschreibt. Und für mich stellt die Enzyklika möglicherweise den Beginn einer neuen Ära dar, in der wir vielleicht die Theorien vergessen, warum wir etwas glauben, solange wir letztendlich, was das Verhalten betrifft, an das gleiche glauben.

Ich danke Ihnen. Mir hat es Spaß gemacht.

Zu Richard Feynman

Richard P. Feynman wurde 1918 in Brooklyn geboren; seinen Ph. D. erwarb er 1942 an der Universität Princeton. Trotz seines jugendlichen Alters spielte er während des Zweiten Weltkriegs eine maßgebliche Rolle beim Manhattan-Projekt in Los Alamos. In der Folgezeit lehrte er in Cornell und am California Institute of Technology. 1965 erhielt er für seine Arbeiten zur Quantenelektrodynamik zusammen mit Sin-Itero Tomanaga und Julian Schwinger den Nobelpreis für Physik.

Diese Auszeichnung wurde ihm aufgrund seiner erfolgreichen Versuche, Probleme der Theorie der Quantenelektrodynamik zu lösen, verliehen. Darüber hinaus entwickelte er eine mathematische Theorie zur Erklärung des Phänomens der Suprafluidität in flüssigem Helium. Anschließend leistete er zusammen mit Murray Gell-Mann grundlegende Arbeit auf dem Gebiet der schwachen Wechselwirkungen, etwa dem Beta-Zerfall. Später spielte Feynman eine Schlüsselrolle bei der Entwicklung der Theorie der Quarks, als er sein Partonenmodell hochenergetischer Kollisionsprozesse bei Protonen vorlegte.

Überdies führte Feynman grundlegende neue Computertechniken und -notationen in der Physik ein – insbesondere die allgegenwärtigen Feynman-Diagramme, die in vielleicht höherem Maße als alle anderen Formalisierungen in der jüngeren Geschichte der Naturwissenschaft die Art und Weise veränderten, wie man grundlegende physikalische Prozesse in Begriffe faßt und berechnet.

Feynman war ein erstaunlich erfolgreicher Pädagoge. Besonders stolz war er persönlich auf die Oersted Medal for Teaching, die ihm 1972 zusätzlich zu seinen zahlreichen anderen Auszeichnungen verliehen wurde. Im *Scientific American* beschrieb ein Kritiker *The Feynman Lectures on Physics* (California Institute of Technology, 1963 ff.; dt.: Richard P. Feynman, Vorlesungen über Physik. München: Oldenbourg, 1991 ff.) als »schwere, aber nahrhafte und äußerst wohlschmeckende Kost. Nach 25 Jahren sind sie *das* Handbuch für Dozenten und die Elite der Studienanfänger«. Um das Verständnis für Physik in der Öffentlichkeit zu fördern, veröffentlichte Feynman *The Character of Physical Law* (Cambridge, Mass.: M.I.T. Press, 1967; dt.: Vom Wesen physikalischer Gesetze. München: Piper, 1990) und *Q.E.D.: – The Strange Theory of Light and Matter* (Princeton: Princeton University Press, 1985; dt.: QED – Die seltsame Theorie des Lichts und der Materie. München: Piper, 1988). Darüber hinaus war er Mitverfasser zahlreicher anspruchsvoller Veröffentlichungen, die zu klasssischen Nachschlagewerken und Lehrbüchern für Forscher und Studenten wurden.

Richard Feynman war eine führende Persönlichkeit

des öffentlichen Lebens. Seine Mitarbeit in der Challenger-Kommission ist allgemein bekannt, insbesondere sein berühmter Nachweis der Anfälligkeit von Dichtungsringen mit rundem Querschnitt für Kälte, ein elegantes Experiment, für das er nichts weiter als ein Glas eisgekühltes Wasser brauchte. Seine Tätigkeit im California State Curriculum Committee in den sechziger Jahren, in deren Verlauf er massive Einwände gegen die Mittelmäßigkeit von Lehrbüchern vorbrachte, ist nicht so bekannt.

Eine Aufzählung Richard Feynmans zahlloser wissenschaftlicher Leistungen und erzieherischer Erfolge kann jedoch das Wesen dieses Menschen nicht erfassen. Jeder Leser selbst seiner technischsten Veröffentlichungen weiß, wie sehr Feynmans lebhafte und vielseitige Persönlichkeit sein ganzes Wirken prägte. Er war nicht nur Physiker, sondern reparierte zeitweise Radios, arbeitete für den Schlüsseldienst, war Künstler, Tänzer, Bongospieler und entzifferte sogar Hieroglyphen der Maya. Seine Neugierde hinsichtlich der Welt, in der wir leben, in der er lebte, war unerschöpflich, und er war der Empiriker par excellence.

Richard Feynman starb am 15. Februar 1988 in Los Angeles.

PIPER

David L. Goodstein/Judith R. Goodstein
Feynmans verschollene Vorlesung

Die Bewegung der Planeten um die Sonne. Aus dem
Amerikanischen von Anita Ehlers. 233 Seiten. Geb.

Der Superstar der Physik und ein wundervolles Thema: Warum
bewegen sich die Planeten in Ellipsen um die Sonne und nicht
in Kreisen? Dies erklärt Richard Feynman auf genial einfache
Weise.

Was Kepler gefunden und Newton vor 300 Jahren bewiesen und
womit er eine wissenschaftliche Revolution ausgelöst hatte,
das beweist Feynman nochmals mit den einfachen Mitteln
der Geometrie – und damit für jeden verständlich. Die Planeten
bewegen sich nicht in Kreisen, sondern in Ellipsen. Die Vorlesung galt lange Jahre als verschollen. Die Archivarin Judith
Goodstein fand die Tonbandaufnahme im CalTech-Archiv.
Ihr Mann, ein Feynman-Schüler, und sie haben die Vorlesung
rekonstruiert und kommentiert. Neben diesem Text enthält
das Buch ein Kapitel zur Geschichte des heliozentrischen Welt-
bildes und vor allem eine einfühlsame Kurz-Biographie
Richard Feynmans.

Sven Ortoli/Nicolas Witkowski
Die Badewanne des Archimedes

Berühmte Legenden aus der Wissenschaft.
Aus dem Französischen von Juliane Gräbener-Müller.
192 Seiten mit 25 Abbildungen. Geb.

Die berühmtesten Legenden aus der Wissenschaft werden in diesem vergnüglichen Buch zugleich entlarvt und ernst genommen. Ob Archimedes, Leonardo, Newton, Maxwell, Nobel, Einstein oder Schrödinger – über sie und ihre Geschichten wird das Wissen von der großen Wissenschaft zum Spaß, ein freches und temporeiches Buch.

»Die französischen Physiker und Journalisten Sven Ortoli und Nicolas Witkowski haben ein Schatzkästlein solcher Erzählungen zusammengetragen, ein Kompendium von Legenden, von denen die meisten auch das Menschliche im Rationalen dekuvrieren. In ihrer anekdotischen Form bewahren diese Geschichten von Sternstunden der Wissenschaft den Sinn für das Scheitern der Vernunft. Denn sie alle zeigen, daß der Mythos sein vermeintliches Gegenteil durchkreuzt. Auch heute gibt es kein Verstehen ohne Mythen.«
Frankfurter Allgemeine Zeitung

PIPER

James Burke
Gutenbergs Irrtum und
Einsteins Traum

Eine Zeitreise durch das Netzwerk menschlichen Wissens.
Aus dem Amerikanischen von Harald Stadler. 394 Seiten. Geb.

Was hat ein simpler Kronenkorken mit dem expandierenden
Universum zu tun, was die Dauerwelle mit dem Luxus-
dampfer? Wieso haben die Wassergärten der Renaissance
zum Vergaser im Auto geführt? Eigentlich hängt alles mit
allem zusammen. Seine Reisen durch das Netzwerk des
menschlichen Wissens und Denkens vergleicht James Burke
mit den überraschenden Wegen, die eine Kugel nimmt, die
wir beim Flippern in Bewegung gesetzt haben. Weil sich der
deutsche Goldschmied Gutenberg im Datum irrte, entstand im
15. Jahrhudert der Buchdruck. Vom Kohlepapier über Edisons
Telefon und die Entstehung von Vorstädten führt eine Reise
zur Röntgenkristallographie und zur Entschlüsselung der
DNA-Struktur. Die Dynamik des Wandels im Zusammenspiel
von wissenschaftlicher Entdeckung, genialer Erfindung und
gesellschaftlicher Veränderung sind Burkes Thema. Eine
vergnügliche Kulturgeschichte in vielen überraschenden
Geschichten.

PIPER

Neil de Grasse Tyson
Merlins Reise zur Erde

Neue Fragen und Antworten zum Universum.
Aus dem Amerikanischen von Anni Pott. 313 Seiten. Geb.

Jeder Blick zum Himmel wirft unendlich viele Fragen auf. Die
besten Antworten darauf gibt Herr Merlin, der Außerirdische
vom Planeten Omniscia. Der exzellente Astrophysiker Neil
de Grasse Tyson verbindet harte Wissenschaft mit Phantasie
und Witz. Die Anzahl möglicher Fragen zum Universum und
zu allem, was dazu gehört, ist unendlich. Deshalb hat sich
Herr Merlin, der Außerirdische, entschlossen, erneut seinen
Planeten Omniscia zu verlassen und zur Erde zu reisen.
Geduldig gibt er, der Allwissende, Antworten auf alle unsere
Fragen. Zum Beispiel: Wie groß ist die Chance, daß ein
Mensch mehr als einmal im Leben mit demselben Luft-
Molekül in Berührung kommt? Welche Folgen hätte es für
uns Erdbewohner, wenn Aliens den Mond sprengen würden?
Wieviele Galaxien können wir mit bloßem Auge sehen?
Warum ist der Nordpol wärmer als der Südpol? Was passiert,
wenn wir versuchen, die Lichtgeschwindigkeit zu erreichen?
Bei seinen klugen, überzeugenden und witzigen Antworten
kann Merlin auch wieder seine berühmten Freunde als
Autoritäten ins Spiel bringen, seien es Archimedes, Galilei,
Newton oder Einstein.

Ernst Peter Fischer
Das Schöne und das Biest

Ästhetische Momente in der Wissenschaft.
288 Seiten mit 71 Abbildungen, davon 8 in Farbe. Geb.

Wissenschaft wird durch Schönheit erst verständlich, Schönheit durch Wissenschaft erst erklärbar. Ernst Peter Fischers neues Buch zeigt zum einen, daß Wissenschaft selbst voller Schönheit steckt und diese Schönheit die Natur begreiflich machen kann, zum zweiten, daß diese Wahrnehmung uns hilft, ethische Probleme der Wissenschaft zu lösen.

Maßgebliche Entwicklungen in der Naturwissenschaft können nur wirklich verstanden werden, wenn das Konzept der Schönheit ernst genommen wird. An vielen wunderbaren Beispielen von Keplers Astronomie über Einsteins Relativitätstheorie bis zur Doppelhelix von Watson und Crick kann der Autor zeigen, daß viele Wissenschaftlerinnen und Wissenschaftler vor allem deshalb die Wahrheit über die Natur suchen, weil sie das Gefühl haben, daß diese Natur schön ist. Fischer hat für alle, die mit dem vermeintlichen Biest Wissenschaft umgehen oder daran Interesse haben, ein unterhaltsames und aufklärerisches Buch geschrieben.